广西全民阅读书系

广西全民阅读书系

朱学稳　张远海　陈伟海　黄保健　著

梁　勇　改编

乐业天坑

中学版

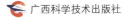
广西出版传媒集团　　广西科学技术出版社

图书在版编目（CIP）数据

乐业天坑 / 朱学稳等著；梁勇改编 . —— 南宁：广西科学技术
出版社，2025.4. —— ISBN 978-7-5551-2459-7

Ⅰ . P642.252.267.4

中国国家版本馆 CIP 数据核字第 2025 TP 9998 号

LEYE TIANKENG
乐业天坑

总　策　划　利来友

监　　　制　黄敏娴　赖铭洪
责任编辑　梁珂珂　韦秋梅
责任校对　苏深灿
装帧设计　李彦媛　黄妙婕　杨若媛　梁　良
责任印制　陆　弟

出 版 人　岑　刚
出　　版　广西科学技术出版社
　　　　　广西南宁市东葛路 66 号　邮政编码　530023
发行电话　0771-5842790
印　　装　广西民族印刷包装集团有限公司
开　　本　710 mm × 1030 mm　1 / 16
印　　张　7.75
字　　数　112 千字
版次印次　2025 年 4 月第 1 版　2025 年 4 月第 1 次印刷
书　　号　ISBN 978-7-5551-2459-7
定　　价　29.80 元

　　我国拥有广袤的土地，总面积约为 960 万平方千米。这片土地上分布着丰富多彩的岩溶地貌，从世界屋脊的青藏高原到南海之滨，从喜马拉雅山脉到深邃的海底，岩溶景观无处不在。无论是珠穆朗玛峰顶的灰岩、青藏高原上奇特的灰华柱林，还是四川黄龙沟的彩池群、九寨沟的灰华坝堰塞湖，这些自然奇观都展现了大自然的神奇力量。云贵高原上的路南石林、壮观的黄果树瀑布、重庆武隆的天然石桥、广西乐业的天坑群、广西凤山的洞穴群，都是世界级的自然奇观，令人叹为观止。桂林山水的秀美、乐业天坑的神秘、张家界峰林的奇峻、北京云水洞的奇幻、辽宁本溪水洞的深邃，每一处岩溶风景区都有其独特的魅力。

　　天坑是岩溶地区最奇特的负地形地貌，具有独特的美学观赏性和旅游开发价值及学术研究价值。世界各地有关天坑的发现在不断刷新，且以发现天坑群居多。我国继发现四川兴文小岩湾天坑、重庆奉节小寨天坑、广西乐业大石围天坑、重庆武隆箐口天坑、广西巴马交乐天坑等天坑后，又陆续发现了陕西汉中天坑群等新的天坑。这些天坑的发现不仅丰富了我国的自然景观，也推动了天坑研究的深入。乐业大石围天坑群的发现和研究，引发了全球对天坑的关注，推动了天坑理论体系的建立，深化了人们对天坑的认识。

　　天坑探测研究之路道阻且长，天坑理论的形成不是一蹴而就的，而是科研工作者几十年如一日的实地考察和研究逐步建立的。大自然总是慷慨的，那些在崎岖的科学道路上攀登的人，经历千难万苦，总会遇到美丽的风景和收获丰硕的成绩。随着越来越多的天坑被发现，人们越来越能体会到科研工作者的远见卓识。他们提出了天坑理论，并不断完善这一理论，推动了学科的进步。科学需要创新，而发现是创新的起点。感谢那些默默奉献的岩溶地质科研工作者，正是他们的努力，让我们对天坑有了更深入的了解。

本书带领大家走进天坑的世界，了解天坑的发现、研究以及天坑理论体系的建立过程，同时也介绍大石围天坑群的孕育、演化、成熟、地位、价值和旅游开发等方面的内容。大石围天坑群以其雄伟、壮观、独特的景观和生态环境，为大家带来独特的自然体验，希望更多的人走进天坑，亲近大自然，探索大自然的奥秘！

目 录

众说天坑

天坑的由来

提起"天坑"，你脑海里呈现的是否是这样的画面：一颗巨大的陨石从天而降撞击地球表面，形成一个深不见底的坑，就像月球上的环形山那样？如果你这样想，那就大错特错了。天坑其实与天降陨石撞击无关，而是一种地质现象，是一种特大型岩溶（喀斯特）负地形地貌。不过，按字面理解为"天那么大的坑"也算形象，天坑确实很大。

天坑是怎么"蹦"出来的呢？我国最早报道并解释天坑形成的资料是杨世燊1983年编写的《石海洞乡》。该书记录了四川兴文小岩湾、大岩湾喀斯特天坑，并把这两处天坑归为漏斗。岩溶学文献中最早提到"天坑"一词的是1988年袁道先主编的《岩溶学词典》，该书把天坑归为竖井的一种。

漏斗是地表呈漏斗形或碟状的封闭洼地，底部通常有溶蚀残余物充填，并有落水洞泄水。

委内瑞拉 Sarisarinama 石英大漏斗（隋佳轩　绘）

那么，天坑到底是漏斗还是竖井？

1992 年，地质部岩溶地质研究所（现中国地质科学院岩溶地质研究所）的朱学稳研究团队对四川兴文小岩湾、大岩湾进行探研，称其为大漏斗。1994 年，朱学稳研究团队发现重庆奉节小寨"天坑"，称其为特大型漏斗。后来，他们又发现重庆武隆的箐口漩坑和广西乐业的大石围等"漏斗"。这些相似的地貌让研究团队开始琢磨：这竖井形状的巨型漏斗和漏斗形状的巨型竖井是不是一种新的岩溶地貌？如果是的话，取什么名字才合适呢？"天坑"一词的概念就在这个过程中被重新定义了。

> 竖井是深井状的泄水洞穴，底部一般到达地下水面，通常是地表水流入地下河的通道。

广西乐业大石围天坑仰视（李晋　摄）

2001 年，朱学稳发表《中国的喀斯特天坑及其科学与旅游价值》，第一次把天坑从大型漏斗中分离出来，作为喀斯特地形地貌学中的新成员——喀斯特天坑。朱学稳研究团队 2003 年建立起天坑理论体系，并于 2005 年组织中外联合天坑考察项目和桂林国际天坑研讨会，使"天坑"成为继"石林""峰林""峰丛"后第四个来自中国的岩溶学学术名词，"天坑"一词从此不仅在群众中更广为流传，而且在学术界中也逐渐被接受。

峰丛中的天坑

随着科技进步，越来越多户外爱好者开启了对天坑的探索。2016 年初，捷克户外爱好者兹德雷克和我国户外爱好者伍红鹰几乎同时发现陕西汉中天坑。中国地质科学院岩溶地质研究所天坑研究团队迅速做出反应，邀请捷克科学院地质所专家组成天坑联合考察队。经过中外研究者及探险家的共同努力，在陕西发现由 4 个天坑群组成、总天坑数超过 30

个的汉中天坑群。

广西户外爱好者也加入寻找天坑的队伍，纷纷通过手机搜查、无人机航拍、现场探寻等方式搜索天坑的身影。随着探寻队伍的不断扩大，越来越多的天坑展现在众人眼前。除了乐业县的大石围天坑群，广西发现的天坑有上千个！广西也因此被誉为"天坑王国"，从桂北地区的桂林市、桂西地区的百色市和河池市到桂西南的崇左市，都有天坑的身影，而且类型丰富多样，几乎包含了所有天坑类型。

对户外爱好者来说，寻找天坑带来的探险乐趣妙不可言。探秘天坑的人越来越多，天坑似大地的锁孔，人类举着科学的钥匙，轻轻转动打开地球地质记忆的抽屉。

崇左的天坑

河池的天坑

天坑的含义

　　重庆奉节小寨天坑，广西乐业大石围天坑、大坨天坑、大曹天坑，四川兴文小岩湾天坑、大岩湾天坑，贵州织金大槽口天坑，湖北利川大瓮天坑，陕西汉中地洞河天坑、圈子崖天坑、双旋涡天坑……天坑逐渐被人们认识。那么，应该如何定义这类大型凹陷形状岩溶负地形地貌呢？

　　尽管朱学稳在2001年就首次正式提出"天坑"的定义，但因为有记载的天坑数量尚少且集中在我国西南地区，很多学者坚持认为天坑不过是喀斯特漏斗的一个特例。将天坑作为一种特殊的地貌景观，在当时还没有被学术界广泛接受。直至2012年，"天坑"作为科学术语正式被收录于《洞穴百科全书（第二版）》中。2018年，《洞穴百科全书（第三版）》

对"天坑"的定义进行修订，将其定义为碳酸盐岩地区由溶洞大厅形成的深度和口径不小于 100 米和（或）容积大于 100 万立方米，四周或大部分周壁陡崖环绕，且与（或曾经与）地下河溶洞相通的特大型漏斗。

大石围天坑

乐业天坑

　　具体来说，天坑这一自然奇观拥有几大特点。第一，天坑规模宏大，口径和深度通常都超过100米，或容积超过100万立方米，远大于普通的岩溶漏斗。第二，天坑四周的岩壁通常是直立的，有些石壁上还能看到明显的崩塌三角面，显示其形成过程中的地质活动。第三，天坑并非静止不变，而是处于不断发育之中，其形成与地下河息息相关。地下河如同天坑生长的"发动机"，地下河的作用造成溶洞大厅的崩塌，由此推动天坑逐渐形成并不断扩大。此外，天坑的发育过程丰富多样，包括地下河洞穴的形成、溶洞大厅的扩大、崩塌露出地表及天坑的退化等多个阶段。有些天坑在形成过程中还会受到外部水源的侵蚀影响。处于不同发育阶段的天坑容貌也大有不同，如不成熟的天坑形似倒扣的漏斗，退化天坑则因周壁被崩塌石块掩埋而形态大变，别有一番天地。

小寨天坑

天坑的类型特征

根据不同的分类标准，天坑呈现出多样化的类型划分。

按发育演化阶段，天坑可分为不成熟天坑、成熟天坑和退化天坑，我们可以把它们比喻成"少年天坑""成年天坑"和"老年天坑"。"少年天坑"是尚处于初始发育时期的不成熟天坑，像个顽皮的孩子，拥有许多种可能，还看不出未来会长成什么模样。但它们的共同特征是洞顶不完全塌陷，顶部口径和底部口径的比值小于等于0.7，呈倒置漏斗状，也可以说是顶部为天窗的溶洞大厅，是天坑雏形。"成年天坑"就成熟多了，其规模、形态、特征等都达到稳定状态，以四周近直立的崖壁为特征，顶部口径和底部口径的比值为0.7～1.5。"老年天坑"就是各种棱角和个性都退化，各组成"器官"也衰老的天坑，失去部分周边陡壁，深度减

成熟天坑直立的绝壁

小，底部面积远比坑口面积小，底部有大量碎石堆积，并且没有地下河通过。

也可以根据天坑规模（"肚子"容积），把天坑分为"大胖子天坑"（特大型天坑）、"胖子天坑"（大型天坑）和一般天坑。"大胖子天坑"的口径和深度均大于 500 米，或者"肚子"特别大，容积超过 50 兆立方米（1 兆立方米 =100 万立方米），是天坑里的"巨人"。"胖子天坑"的口径和深度均为 300～500 米，或者"肚子"很大，容积在 10 兆～50 兆立方米。一般天坑的口径和深度均为 100～300 米，容积在 1 兆～10 兆立方米。但规模尺寸并非严格限定，如大型天坑的深度和长度都应大于 300 米，可是有的口径可能稍小于 300 米，但深度远超 300 米。不规则形状天坑的最大尺寸不易评估，且天坑的深度应从碎石堆积底部基岩面量起，导致有些地方无法确定深度。按天坑的容积进行分级可能更合理，因为随着技术的进步，三维激光扫描仪可以非常方便地获得容积数据。但大石围天坑群天坑数量较多，未能完全更新数据，因此本书仍使用之前粗略估计的数据。

形状较为规则的天坑

依据成因和特征，天坑可分为崩塌形成的塌陷型天坑和流水冲刷侵蚀形成的冲蚀型天坑。

崩塌是天坑形成的必然过程，没有发生崩塌，天坑就不可能形成。塌陷型天坑在数量和规模上占据绝对优势，大多数天坑都属于塌陷型天坑。即便是冲蚀型天坑，形成过程中也有崩塌作用作为支撑。

塌陷型天坑犹如一个敞开的巨口，赫然显现在大地上，无法遮掩其存在。这种天坑最明显的特点就是曾经发生过崩塌，并且崩塌还在持续。它们通常是从地下溶洞的顶部崩塌开始，之后天坑四周的陡峭岩壁还会继续崩塌，就像是天坑在逐渐"变老"。我们可以很容易地找到它崩塌的证据，如在成熟天坑坑壁上可以看到崩塌形成的三角面，坑底也堆积了大量的碎石。

天坑四周陡峭岩壁的形成与岩石的性质和地质结构紧密相关。通常，那些坚硬且层理平缓的岩层更容易形成高大、深邃的峭壁。这样的天坑看起来非常壮观，空间巨大且深邃，周围的岩壁就像被刀削过一样笔直。广西的黄猄洞天坑就是一个典型的例子。

黄猄洞天坑直立崖壁的完整边缘（李晋　摄）

塌陷型天坑数量众多，分布广泛，规模也各不相同。处于不同发育阶段的天坑具有不同特征。塌陷型天坑的形成是从天坑最深处的坑底开始，逐渐向地表发展的。地下河在这个过程中起到了关键作用——它就像是推动地下溶洞崩塌的"发动机"，为天坑的形成和发育提供了源源不断的动力。同时，地下河也是搬运和清除崩塌物质的"搬运工"，日复一日地工作，地下河的顶板逐渐崩塌并不断扩大，最终形成倒置漏斗状或穹隆状的地下溶洞大厅。当溶洞大厅的顶板完全崩塌，溶洞大厅露出地面，四周形成陡峭的悬崖时，天坑就成型了。广西乐业大石围天坑群中的白洞天坑、冒气洞（阳光大厅）与地下河的关系，以及大曹天坑、红玫瑰大厅与地下河的关系，还有逐渐退化的大坨天坑，共同构成塌陷型天坑在不同发育阶段的典型序列。这些例子清晰地表明，塌陷型天坑是由地下河的溶蚀和侵蚀作用导致崩塌而形成的，并随着持续的崩塌逐渐退化。

一群天坑中有不同发育阶段的塌陷型天坑，则意味着这个天坑群所在的岩溶水文地质系统已经发育得非常成熟，具备了显著特征。广西大石围天坑群就是一个典型的例子，它所在的百朗地下河系统展现了天坑发育过程的复杂。

有一种特殊类型的塌陷型天坑，即是可以看见地下河水面的天坑，里面蓄满了水或是部分被水填充，从水中向上望去，洞口就像是大自然开启的一扇透出光亮的"地下窗户"，是一种特殊的岩溶天窗形式。国内广西河池市凤山县的三门海天窗群、国外的巴西红湖天坑和蓝湖天坑，都是这种类型的典型代表。它们以独特的自然景观，吸引了许多游客前来探索和欣赏。

三门海天窗

冲蚀型天坑的形成，源于地表水长期集中流向碳酸盐岩裸露的地方，经过年复一年的冲刷侵蚀，逐渐形成落水洞和竖井。随着时间推移，这些结构继续受到侵蚀并发生崩塌，最终演变为我们所见到的巨大天坑。冲蚀型天坑是岩盖汇聚的外源水和雨水（内源水）的溶蚀、强水动力侵蚀（急流及跌水）与崩塌共同作用的结果，一般同步发育的还有地下河溶洞系统。例如，在重庆市武隆区后坪苗族土家族乡的岩溶区域，长江与其支流乌江的分水岭地带，就有著名的箐口天坑；陕西省汉中市南郑区小南海镇的西沟也有这样的天坑。在世界的另一端，巴布亚新几内亚的穆勒台原上，地表水流的不断冲刷造就了壮观的超级漏斗群，其中一部分漏斗实际上就是冲蚀型天坑。

天坑的发育演化

如果把天坑的发育过程想象成一个人的一生，那么可以分为"少年天坑""成年天坑"和"老年天坑"三个阶段，分别对应着它的初始、成熟和退化时期。然而，天坑的成长并不是我们能够轻易预测的，有时候，天坑的形成就像武侠小说中的主角突然获得奇遇，瞬间打通任督二脉成为绝世高手一样———一次洞顶大崩塌就可能瞬间形成一个天坑；而大多数时候，天坑的形成则需要经过漫长的"修炼"——溶洞大厅逐渐崩塌，慢慢露出地表，最终形成天坑。

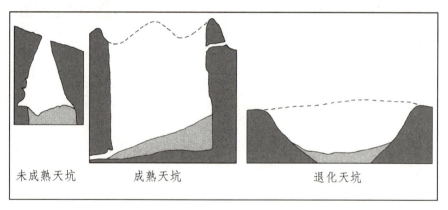

未成熟天坑　　　　　成熟天坑　　　　　　　退化天坑

不成熟天坑、成熟天坑和退化天坑范例剖面比较（Waltham，2005）

从天坑的生命历程来看，它的发育和演化过程如下。一开始是地下河，然后形成溶洞，接着溶洞不断扩大变成溶洞大厅，之后大厅的顶部开始塌陷，但不完全，形成了"少年天坑"，这时的天坑像一个倒扣的漏斗，也像一只不太规则的吊钟，也就是我们说的天窗。随着时间的推移，塌陷继续，天坑的四周崖壁变得直立挺拔，顶部和底部的口径几乎一样大，这时候的天坑就进入了"成年天坑"阶段，看起来就像一个巨大的笔筒嵌在群山中。然而，就像人会衰老一样，天坑也会进入"老年天坑"阶段，没有了年轻时的精气神，各种器官退化，身板也比年轻时缩水了许多。这时候的天坑，崖壁开始变得矮小，底部的面积逐渐比顶部小，里面堆积了大量的碎石等崩塌的物质。随着时间流逝，天坑的崖壁退化，崩塌的石头逐渐堆满了天坑底部，地下河也搬运不动了，最后天坑失去了所有的崖壁，底部被长出来的植被掩隐起来，这个天坑就这样寂静地"死"去了。

塌陷型天坑的发育经历 4 个阶段，即地下河阶段、地下大厅阶段、天坑形成阶段和天坑退化阶段。

（1）地下河阶段。有一条流水终年不竭的地下河道是天坑形成的首要条件。因为地下河道既是天坑形成的动力之源，又是天坑大量崩塌物质输出的唯一途径，搬运方式可能是溶蚀搬运或碎屑物质的机械搬运。

塌陷型天坑地下河阶段（隋佳轩　绘）

（2）溶洞大厅阶段。在地下河道水流强烈的溶蚀、侵蚀作用下，在岩层产状平缓、构造裂隙发育、岩石破碎或多层地下河古道重叠交叉等特别有利部位，地下河道顶板发生坍塌，其物质由地下河道的水流输出，随着崩塌空间不断扩大，最终形成倒置漏斗状或穹窿状的地下大厅。

（3）天坑形成阶段。溶洞大厅穹形顶板的逐步崩塌，使大厅的腔体露出地表。原属于大厅顶板的部分不断崩塌平行后退，形成周边悬崖峭壁或崩塌三角面。

塌陷型天坑溶洞大厅阶段（隋佳轩　绘）

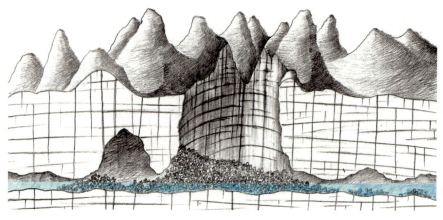

塌陷型天坑形成阶段（隋佳轩　绘）

（4）天坑退化阶段。崖壁后退是天坑演化的必然过程，当崩塌块石的堆积速率超过地下河搬运速率的时候，天坑开始退化，随着坑壁持续风化、剥蚀、崩塌、后退，越来越多的碎石堆积扇和堆积裙在天坑周壁底部形成，天坑崖壁渐渐被堆积裙掩埋，最终天坑退化更严重甚至失去天坑四周几乎所有的崖壁，形成一个超级漏斗，底部生长的树木掩隐了块石堆积。

塌陷型天坑退化阶段（隋佳轩　绘）

冲蚀型天坑发育阶段可分为消水洞（地下河）阶段、竖井（状大厅）阶段、天坑形成阶段和天坑退化阶段。

（1）消水洞（地下河）阶段。随着上覆地层被剥蚀，某些地方逐渐揭露到灰岩，雨水汇聚形成的水量相对稳定，地面溪流由此入渗，然后经逐步溶蚀、通过地下裂隙寻找出水边界，逐渐形成地下河，径流集中运移，有了溶蚀搬运的条件。

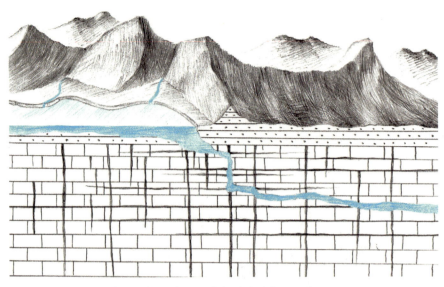

冲蚀型天坑消水洞阶段（隋佳轩　绘）

（2）竖井（状大厅）阶段。入渗的地下水流逐步溶蚀、侵蚀、冲蚀，地下河管道扩大，伴随崩塌形成竖井。与其他溶蚀成因的竖井稍有区别，此类型竖井的上游有较稳定的汇水区域和水源，地下河管道扩展的速率较快。

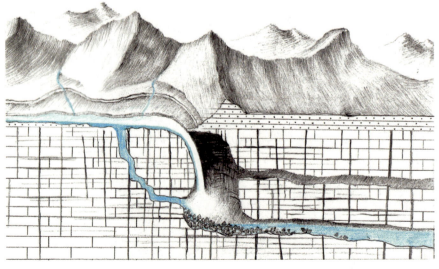

冲蚀型天坑竖井阶段（隋佳轩　绘）

（3）天坑形成阶段。随着竖井持续发展扩大，并且其上游裂点也渐渐后退，从而在下游上方形成反倾斜的洞顶，当岩层力学强度不足以支撑洞穴顶板时，顶板发生坍塌，崩塌的物质也被高势能的流水冲蚀、溶蚀搬运，最终形成天坑。

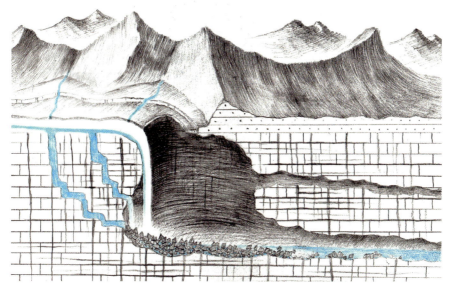

冲蚀型天坑形成阶段（隋佳轩　绘）

（4）天坑退化阶段。与塌陷型天坑的退化不同的是，冲蚀型天坑崖壁的后退可能源于冲蚀性流水的侵蚀下切，造成溪流上游部位天坑边缘降低、斜坡化，溪流下游天坑边缘崩塌，堆积物堵塞地下河道，或上游水动力减少，横向扩展速率超过垂向侵蚀速率，天坑逐渐拓宽并向常态河谷转化。

冲蚀型天坑退化阶段（隋佳轩　绘）

天坑的小伙伴

为更好地了解天坑，我们得认识一群和天坑关系密切的小伙伴，了解一些岩溶负地形地貌的术语，如落水洞、竖井、漏斗、溶洞大厅、洼地和坡立谷等。

我们可以把这些地貌比喻成不同类型的车辆，天坑是一辆威武霸气的重型大卡车，体积庞大、气势恢宏。

落水洞与天坑相比，便小巧得像是三轮车了。落水洞也叫消水洞，是地表水流潜入地下的消水点。当地下河水位上涨时，地下水流常经落水洞涌出地表，使落水洞暂时变为出水洞。落水洞可能有松散堆积物充填，没有明显入口或有明显洞口，并且与水平的、倾斜的或垂直的洞穴通道相连。落水洞的概念强调的是消水点这部分，而不太关心地下的情形。消水点的下方可能是竖井，也可能是水平洞穴，甚至可能是溶洞大厅。此外，落水洞不仅见于地表，地下也有落水洞。大石围地下河末端就是一个大的落水洞，地下河水通过落水洞消失于地下深处。

竖井就像是精致的小轿车，通常比落水洞要大一些。它是由落水洞进一步向下发展或溶洞顶部塌陷形成的深井状或圆筒状洞穴通道。竖井有的只有浅浅数米，有的则深达千米。竖井的入口可能在洞道底部，并且底部至少与廊道或洞厅相通。竖井有垂直竖井和渗流带复合竖井之分。垂直竖井是一通到底的洞穴，中间没有岩坎或转折；复合竖井有岩坎，但洞道转折非水平，如广西乐业县花坪镇的风岩竖井。

漏斗就像是公交车，是岩溶地区常见的封闭洼地，形状像漏斗、碗碟或圆锥。它们有深有浅，直径数米至上千米。有的漏斗底部平缓，绿草如茵；有的漏斗底部石块密叠，四周陡峭。造成两种漏斗底部截然不同的主要因素是其形成原因，前者主要为地表雨（雪）水溶蚀而成，底部常伴有落水洞；后者主要由塌陷造成。一般来说，没有单一成因的漏斗，溶蚀和塌陷两个因素虽主导不同，但总是相伴而生。

溶洞大厅是溶洞通道或洞穴系统中最宽敞的洞段，好比溶洞的大肚子，或者葫芦那圆滚滚的"底盘"。如果溶洞大厅继续发育下去，可能会形成天坑。因此，溶洞大厅可以说是天坑的"骨架"，能够预示天坑未来的形态。

洼地犹如长长的火车，包罗着各路乘客。它是没有外源水的岩溶凹地形，如漏斗、干谷、坡立谷、槽谷、盆地和盲谷，甚至溶沟、溶槽等，大大小小统称为洼地。在碳酸盐岩地区，溶蚀作用形成的封闭负地形地貌统称为岩溶洼地。在广西，人们还给它们起了"弄"（lòng）、"崀"（dǎn）等特别的名字。例如，广西河池市大化瑶族自治县就有七百弄国家地质公园，位于红水河中游。

坡立谷是底部平坦，在岩溶区内或岩溶区与非岩溶区接触带所形成的具有间歇性或常年性地表和地下排水系统的大型封闭洼地。坡立谷底部或边缘常有泉水、地下河、落水洞和地表河出露，有时消水不畅，为水所淹，形成间歇性湖泊。坡立谷的底部常常为松散沉积物覆盖，杂草丛生，或成为人类耕作、居住与建设的场所。

贵州打岱河坡立谷

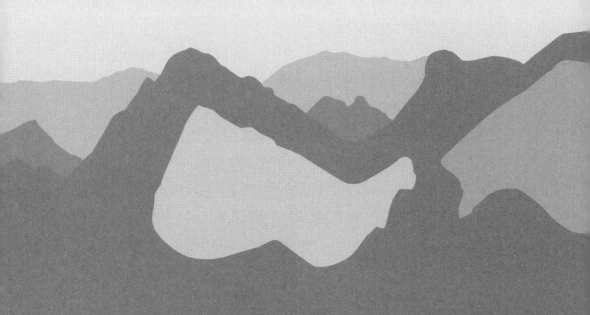

探秘大石围天坑

天坑的奇幻传说

　　大石围天坑群集中分布在广西百色市乐业县百朗地下河的中游，以大石围天坑为代表。大石围天坑群的发现、调查、研究及开发充满艰辛，在这过程中发生了很多惊险、有趣的故事。

　　大石围天坑群位于乐业县中部。乐业县地处贵州高原向广西盆地过渡的斜坡地带，西南地势高，东、西、北三面地势降低，县域内有中部、东部、东南部三大岩溶片区分布。中部岩溶片区面积最大，达764.6平方千米，由碳酸盐岩地层和系列弧形褶皱、压扭性断裂组成S形地质构造。大石围天坑群就坐落于此。

　　很久以前，居住在大石围天坑附近的村民就发现了这个巨大的自然奇观。据传，他们将天坑视为本地神灵的居所，对它充满了敬畏之心，认为这里是神灵隐居的地方，不可轻易打扰。然而，为了生计，一些胆大的村民决定冒险进入天坑。他们抓着藤蔓，小心翼翼地攀爬下去，采集草药，同时剥取棕树皮制作蓑衣等生活用品。

　　当他们回到村里后，开始讲述自己在天坑中的所见所闻，并且添油加醋地说了许多夸张的细节。例如，有人说在天坑深处看到了一条巨大的蟒蛇精，它盘踞在洞穴中，守护着天坑的秘密；还有人说，如果不小心惹怒了天坑里的神灵，天坑内就会突然狂风大作，飞沙走石，仿佛神灵在发怒；更神奇的是，有人声称曾在天坑深处看到过万丈霞光，光芒照亮了整个天坑，仿佛是天神降临的征兆。

　　这些故事逐渐传开，激发了许多人的好奇，大石围天坑也因此变得更加神秘和传奇。

雨后雾气升腾的大石围天坑更显神秘莫测（李晋　摄）

初探大石围天坑

　　大石围天坑的传奇故事、独特地貌以及神秘的地下森林引起了专家的注意。1995 年 11 月，广西国有雅长林场组织广西壮族自治区林业勘测设计院技术员、《广西林业》杂志编辑部编辑等一行 15 人，对大石围天坑区域的森林植被、地形地貌等进行详细考察，并拍摄了大量珍贵的照片和录像。这些考察资料发表在《广西林业》《中国岩溶》等杂志上，向外界揭示了大石围天坑的部分面貌。考察人员记录了天坑的植被分布，并对其位置、规模和地貌特征进行了简单描述。大石围天坑的险峻，可在考察人员的叙述中窥得一二，如他们提到，从海拔 1466 米的西峰绝壁边缘滚下一块巨石，47 秒后才能听到石头落地的巨响，声音如雷。然而，由于天坑内部情况复杂，考察队无法深入，有些情况只能根据当地村民的描述推测：天坑底部有许多高大茂密的树木，藤蔓密布，溶洞中栖息着巨型蝙蝠和蟒蛇，还有一个巨大的落水洞，流水声轰隆作响，仿佛地下河流在咆哮。

有关大石围天坑的报道引起了当时乐业县委宣传部、乐业县广播电视局、乐业县文化局年轻干部的关注，他们怀抱着对家乡的热情，希望可以亲身体验大石围天坑的神奇魅力，并借此打造属于家乡的独特名片。1997 年 8 月，他们组织了一支 10 人的探险队对大石围天坑展开探测。但由于探险装备简陋、队员经验不足，特别是对大石围天坑绝壁的凶险程度认识不够，探险队员才徒手下降了 100 多米，就遭遇种种状况，险象环生：有人扯断了树根藤蔓，有人踏空惊出一身冷汗，有人体力透支、疲惫不堪，用牙咬住缆绳拼命攀爬，一旁不时有石块从头顶飞过，大家胆战心惊……最终，探险队只能停止探险，满怀失望地撤退。

与此同时，广西电视台《发现》栏目的记者陈立新也燃起了到大石围天坑一探究竟的兴趣。他决定对大石围天坑展开探测，制作一期探险纪录片，他的摄像好友张小宁也请求加入，专门拍摄大石围天坑的风光。

天坑险峻的绝壁（李晋 摄）

1998年春节过后不久，陈立新便与乐业县广播电视局取得联系，3月2日，陈立新、张小宁及另外两名同事从南宁来到乐业。

广西电视台队伍的到来，再次燃起了年轻干部们的热情。纵然第一次对大石围天坑探险失败，心有余悸，他们也要重整旗鼓，重新组织了一支联合探险队。

3月4日，联合探险队在大石围天坑边的百岩脚屯汇合。3月5日上午，陈立新、张小宁等环绕大石围天坑进行拍摄，下午则带队下坑探路，傍晚在大石围坑边搭建了营地，整装待发。3月6日，陈立新、张小宁等带队再次出发，但下降至200多米陡壁发现已是绝路，只能退回坑口。3月7日，探险队聘请百岩脚屯村民作向导，闯过几道险关后，探险队的12名队员终于抵达坑底！当晚，探险队员们在地下河入口处安营扎寨，并对坑底的地下河进行探测。出于安全考虑，探险队仅深入地下河2000米左右就返回了，这是人们首次进入大石围天坑开展科考活动，乐业县广播电视局的姚瑞英和乐业县委宣传部新闻科的姚梦琴也因此成为首探大石围天坑的两位巾帼。

1998年4月，陈立新为此次探险活动制作的纪录片《大石围》在广西卫视《漫步广西》栏目播出；同月，《右江日报》整版发表文章《大石围，神秘盖头掀起来》，大石围天坑因此远近扬名。

再探大石围天坑

为了进一步揭开大石围天坑的神秘面纱，探索更多关于天坑的秘密，1999年11月，乐业县有关部门组织了一次大规模的探险活动。这次探险队由宣传、广电、旅游、文化、气象、水电、武警中队、林业等多个部门的人员组成，同时还有广西电视台记者陈立新带领的《发现》栏目摄制组参与。他们的目标是对大石围天坑进行第二次深入探测。

11月9日晚，探险队抵达地下河入口处，安营扎寨。第二天，探险队开始向地下河深处进发。在探寻溶洞的路上，探险队员拍摄了大量洞穴钟乳石景观，还发现了盲鱼和溪蟹等洞穴生物，这让队员们兴奋不已。

然而，探险过程并非一帆风顺。当探险队走到两条地下河的交汇处时，出现突发情况。队员们发现地下河的水流变得湍急，河水也开始变得浑浊——这是洪水即将到来的征兆！领队立即下令全体队员紧急撤离。但由于河水上涨速度极快，队员们只能冒着生命危险，攀爬陡峭的洞壁往回撤。这一突发事件迫使探险活动被迫停止。

钟乳石

大石围天坑探险队员在地下河中穿越

尽管这次探险遭遇了挫折，但人们对大石围天坑的探索并未停止。2000年6月13日，中国地质科学院岩溶地质研究所的朱德浩和朱学稳两位教授来到乐业，对大石围天坑进行科学考察。广西电视台记者陈立新等4人也与他们会合，组成了新的考察队。

6月14日，考察队前往大石围天坑。当时大石围天坑一带人烟稀少，一个洼地往往只有一两户人家，村民的生活条件十分艰苦，用水全靠水窖或从山外背水，晚上也只能靠蜡烛照明。因此，考察队的生活条件也很简陋，两位教授睡在老乡腾出的床上，而陈立新等人则睡在屋檐下。

朱德浩教授在考察过程中与百岩脚屯村民交谈

最终，在有关部门和飞猫探险队（当地民间的天坑探险队，成立于2000年6月）的协助下，朱德浩和朱学稳徒步考察了大石围、白洞、穿洞、熊家洞、黄猄洞、风岩洞、百朗地下河出口和百中峡谷等地。两位教授

白洞天坑底部白雾迷离，异常神秘（李晋 摄）

被乐业县的溶洞景观深深震撼，认为这里的溶洞别有洞天，并初步认定大石围一带是一个世界级的"大型漏斗群"（当时尚未确立"天坑"的科学释义）。

2002年3月，中国地质学会洞穴研究会会长朱学稳教授与国际洞穴联合会第一副主席安迪·伊文斯共同组织了由9个国家28名队员组成的洞穴探险队，对大石围天坑群展开大规模的科学考察。这次大规模的中外联合洞穴探险活动发现的天坑数达到23个，探测洞穴总长度近40千米，探测竖井40多个，确定大石围洞穴长度为6630米，垂向深度为760米。尽管最终并没能将复杂的百朗地下河系统探通，这次科学考察还是取得了丰硕的探险成果，为后续的研究和探索奠定了重要基础。

当地居民帮助探险队运送装备

大石围天坑群

天坑王国的皇冠——大石围天坑群

大石围天坑群拥有 29 个天坑，包括特大型天坑 2 个、大型天坑 2 个、一般天坑 25 个，大部分天坑形态完整，仅有 5 个天坑发生退化。除了百朗地下河下游支流的打陇天坑、上游支流的十字路天坑和盖曹天坑，大石围天坑群主要集中在百朗地下河系统中游段东西长 20 千米、南北宽 4～8 千米的区域内，与周围的峰丛、漏斗、谷地、天窗、竖井、落水洞、干洞、地下河等构成颇具特色的岩溶地貌系统。广西是世界级的天坑王国，大石围天坑群则是天坑王国的皇冠，29 个天坑就像皇冠上一颗颗耀眼的明珠，展现出大自然的精致与神奇。

从高空俯视大石围天坑群，就能发现天坑的坑口形态多样，有的为不规则多边形，也有的接近圆形或椭圆形，总体上不规则多边形的天坑更多一些。天坑的剖面形态由周壁和坑底地形决定，因周壁基本上都为悬崖绝壁，所以天坑的剖面形态取决于天坑底部的起伏状况。绝壁紧接着陡坡的天坑最多，绝壁连着平底的天坑最少，此外还有绝壁与缓坡相连的类型。

大石围天坑群最鲜明的特征是几乎每个天坑都被陡峭的岩壁包围，且绝大多数岩壁十分陡峭，让天坑与其他坑状地貌明显区别开来。这一特征让天坑显得格外深邃、险峻，让人敬畏。锥形峰丛山体上岩壁的塌落会产生明显的三角面绝壁，甚为显著，让人不得不惊叹大自然的鬼斧神工。

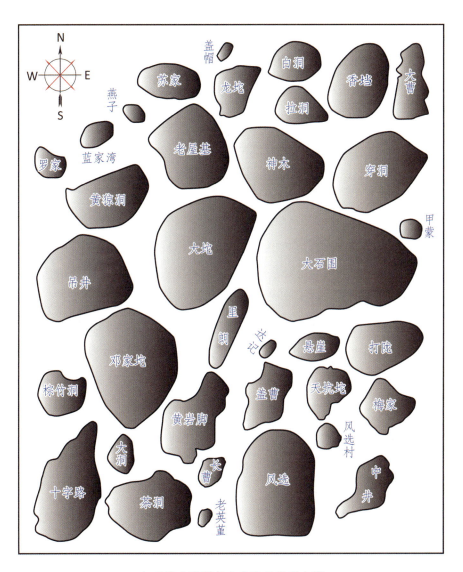

大石围天坑群部分天坑平面形态图

天坑毫不手软地切割着所在地区的各种地貌形态，包括峰丛、谷地、洼地、洞穴等，最常见的是切割峰丛山体的边坡与谷地、洼地的交接部位，少数峰顶、峰脊被切割。不管是什么地形，这台"切割机"都能轻松应对，半座山被"切"掉的情况是很常见的。

天坑底部堆积着大量的崩塌岩块和地表雨水冲下来的黏土混合物，为孕育神奇的天坑秘境提供了厚实的基础，创造了无限的可能。

天坑皇冠上的明珠——大石围天坑

乐业天坑以大石围天坑群为代表。大石围天坑群以大石围天坑来命名，可见大石围天坑的重要地位。若说大石围天坑群是天坑王国的皇冠，那大石围天坑便是皇冠上那颗最耀眼的明珠。

大石围天坑位于乐业县同乐镇刷把村百岩脚屯，在峰丛和谷地的交界处。大石围天坑周边均为峭壁，坑口由3座山峰和3个垭口（山梁上狭窄的开口，多为进山通道必经之处）合围。从大石围天坑上方俯视，坑口形状像一只横着摆放的大鸭梨。大石围天坑的东、北二峰以鲜明的三角形断崖为特色，南、北两侧的绝壁存在陡坡，微微向天坑内部倾斜下放。在西侧绝壁下面，可以看见地下河天窗。天坑底部由东向西倾斜降低，直通地下河天窗。

大石围天坑的底部堆积着大量崩塌的石块。这些石块大小混杂，棱角分明，仿佛是大自然随意抛洒创作出的杰作。东端及西端地下河天窗附近以巨砾为主，石块的直径可达10米，其余地方的石块犹如坛坛罐罐一般大小，直径不足0.5米。石块表面，或经雨水溶蚀，留下斑驳痕迹；或被青苔覆盖，增添了几分生机与绿意。

大石围天坑的规模宏大，非常壮观！它东西方向长度有600米，相当于 6 个标准足球场排成一排的长度；南北方向宽度是 420 米，差不多是 15 个标准篮球场连在一起的宽度。坑口石峰海拔 1440～1486 米，坑边垭口海拔 1251～1394 米，东峰的最大深度达到了 613 米；而北垭口的最小深度也有 378 米。天坑的坑口面积有 16.7 万平方米，相当于 23 个标准足球场那么大；而底部的面积有 10.5 万平方米，差不多是 15 个足球场的大小。整个天坑的容积达到了 74.5 兆立方米，如果把它想象成一个巨大的游泳池，那得用上几百万辆洒水车才能灌满！

大石围天坑的周壁可见四层洞穴，由下往上分别是现代地下河（第一层）、中洞（第二层）、马蜂洞（第三层）和马蜂洞上洞（第四层）。地下河隐藏在大石围天坑底部，在西峰绝壁下露出天窗。这条地下河的河水往西北方向流去，在约 4500 米处地下河水全部消失于落水洞，人们无法进入其中。中洞是个盲洞，位于东垭口下的绝壁中央，洞口格外醒目。马蜂洞位于中洞的斜上方，可从天坑外的地面穿过山体，走进马蜂洞，到达大石围绝壁边缘，是厅堂与廊道的混合式洞穴。马蜂洞洞口底部比中洞洞口底部高 65 米，与中洞洞口顶部几乎平行，同在一个高度上。马蜂洞上洞是马蜂洞向东南延伸的支洞。

大石围天坑绝壁上的洞口

大石围天坑（李晋　摄）

马蜂洞
中洞

大石围地下河

地下河支流汇合处

大石围天坑和地下河剖面图（隋佳轩　绘）

大石围天坑内部像一个巨大的聚宝盆。天坑的底部、绝壁及其周围生长着茂密的植物：底部的植被近似原始森林，低层是珍贵的草本植物，如狭叶巢蕨、冷蕨、马兰花、火焰花等，还有珍稀濒危植物八角莲和罕见的国家二级保护植物香木莲幼苗；中层是灌木层，生长着成片的棕竹；上层以乔木香木莲为主。优质的森林生态环境吸引了大批野生动物在此繁衍生息，以鸟类为主，也有飞猫、松鼠等出没。

大石围天坑仿佛一个巨大的"地球伤口"——就像大地被某种神秘力量轻轻划开，露出深藏的秘密。陡峭的岩壁像是被巨人用巨大的斧头劈开，笔直而高耸；深邃的坑底则像是一个隐藏着无数未知故事的秘境，充满了神秘感和引人探索的魅力。站在天坑边缘，仿佛能听到大地深处的低语，感受到地球脉搏的跳动。这种体验就像是在阅读一本关于地球历史的奇幻图书，每一页都充满了惊奇与未知！

俯瞰大石围天坑底部森林（李晋　摄）

"坑中坑"——大宴坪天坑与白岩垱漏斗

2017年，在广西乐业县花坪镇，人们发现了一个神奇的天坑——大宴坪天坑。这个天坑的特别之处在于，它的底部还有一个漏斗状的凹陷，叫作白岩垱漏斗，两者紧紧相连，形成了"坑中坑"的奇特景观，在大石围天坑群中显得格外独特。

从空中俯瞰，大宴坪天坑的坑口呈椭圆形，底部比较宽敞，形状略像一只用来装菜的长碟子。天坑的南侧岩壁已经退化成斜坡，而其他部分的岩壁依然陡峭完整。坑口的长度约1020米，宽度约410米，海拔在1361～1466米，深度则在200～320米，容积达80.1兆立方米。底部

大宴坪天坑及白岩垱漏斗（唐全生　摄）

的白岩垱漏斗口长 100 米，宽 50 米，虽然看起来和一个标准游泳池差不多大，但深度达 100 米，足足有 30 层楼那么高。虽然白岩垱漏斗还没有完全发育成标准的天坑，但已经初具雏形。

大宴坪天坑和白岩垱漏斗生动地展示了地下河如何孕育和催生天坑的过程。成熟的大宴坪天坑逐渐退化，底部再次形成地下河，并生成溶洞大厅，随后引发崩塌，形成了白岩垱漏斗。沧海桑田，如今这个漏斗也成了古地下河的遗迹。

大宴坪天坑底部的植被非常茂密，以灌木为主，偶尔也能看到一些零星的乔木，将底下的碎石和黏土完全覆盖。整个天坑充满了自然的生机与神秘感，仿佛是大自然亲手打造的一座"地下森林"。

穿"洞"过壁有天地——穿洞天坑

穿洞天坑位于乐业县同乐镇刷把村竹林坝屯，是大石围天坑群中非常特别的一个。它的独特之处在于，人们可以从西南侧的一个溶洞进入天坑内部，就像穿过一扇神秘的大门，进入另一番天地。正因为这个溶洞的存在，这里被命名为穿洞天坑。

穿洞天坑是由山峰和古谷地崩塌形成的，四周由 6 座山峰围成，是大石围天坑群中峰体最多的一个。这些山峰的海拔在 1280 ～ 1381 米，北侧和东南侧的绝壁高度在 150 ～ 180 米，平均高度 175 米，相当于 50 多层楼那么高！天坑的坑口长度为 380 米，宽度为 190 米，最大深度 312 米，容积约 8.8 兆立方米，约为大石围天坑的十分之一。

穿洞天坑内部别有洞天，还发育着 3 个各具特色的洞穴。西南侧穿洞的南洞口与附近的熊家东洞的东洞口隔一小洼地遥相呼应，仿佛在互相打招呼。天坑西南端有一个半月洞，是一个溶洞大厅，大厅上方为天窗。每到正午时分，阳光从天窗射入，形成一道光柱，景象瑰丽壮观，让人仿佛置身于外星世界。天坑东北端的坑底还有一个梭子洞，为天坑增添了更多神秘感。

穿洞天坑的底部和周围生长着茂密的植物。底部几乎是一片原始森林，以中小型乔木为主。东北和西南端的林木最为稠密，尤其是西南端。林木从山顶到坑底连续分布，其中还夹杂着少量古老的蕨类植物，为这片神秘之地披上一层更朦胧的面纱。

穿洞天坑（李晋　摄）

瀑布奇观与秘境藤蔓——黄猄洞天坑

　　黄猄洞天坑位于乐业县花坪镇以南5千米处，因过去在天坑里圈养过黄猄而得名。

　　黄猄洞天坑在形成过程中，切割了周围的山峰、洼地和缓坡，坑口海拔在1210～1260米。天坑四周被陡峭的绝壁环绕，但坑底却非常平坦，面积也很大，与其他天坑相比，给人一种开阔舒适的感觉。坑口长280米，宽170米，最大深度171米，容积达到6.3兆立方米。

　　天坑东侧的崖壁上可以看到两层干洞，海拔分别为970～1010米和1050～1100米。这两个溶洞大部分被泥土和碎石填充，洞内并没有常

黄猄洞天坑（李晋　摄）

见的钟乳石景观。天坑底部东侧还有一个溶洞，长约 120 米，洞底堆满了崩塌的岩石。

天坑西侧有一道由流水冲刷而成的沟壑，雨季时会形成壮观的瀑布。水流从高处飞泻而下，气势磅礴，仿佛把天坑变成了《西游记》里的"水帘洞"。沿着这条沟壑，人们可以进入天坑底部，近距离感受大自然的鬼斧神工。

在黄猄洞天坑的北侧绝壁上，茂密的攀援藤本植物成片生长，有 4 株稀世珍宝——大扁藤隐藏其中，扁藤宽 30 ～ 40 厘米，长 10 ～ 20 米。

天坑群里的鸟类天堂——神木天坑

神木天坑位于广西乐业县同乐镇刷把村垒容屯，是大石围天坑群中森林最茂密的一个。当地居民相信，天坑里住着神灵，尤其是森林之神，守护着这片神奇的土地。

神木天坑位于洼地与石峰之间，四周被陡峭的绝壁环绕，底部没有溶洞和地下河。天坑由两座对峙的山峰和两个垭口组成，地形起伏很大，最高处的石峰海拔 1417 米，最低的垭口海拔 1191 米。坑口长度为 300 米，宽度为 270 米，最大深度达 234 米，容积达 8.2 兆立方米，与穿洞天坑差别不大。

天坑底部堆满了崩塌的岩石，地形起伏不平，整体由西向东倾斜。底部面积约 8 万平方米，生长着茂密的常绿落叶阔叶混交林。由于天坑内林木葱茏，枝繁叶茂，生态环境优越，因此成了各种动物的乐园，尤其是鸟类。这里鸟类品种繁多，数量庞大，因此神木天坑被誉为大石围天坑群中的"植物王国"和"鸟类天堂"。真是见"名"如见面，命名为神木天坑，确实最恰当不过了。

坑底森林密布的神木天坑（李晋　摄）

天坑群里的"白面书生"——白洞天坑

　　白洞天坑在大石围天坑东边 2400 米处，与神木天坑相邻，两者相距差不多 300 米。白洞天坑北侧、东侧的绝壁都是白色的，是大石围天坑群里独一无二的存在，白洞天坑也因此得名。从外形看，它就像脸面白净的弱冠读书人——白面书生。

　　白洞天坑位于山坡与谷地的交界处，四周被陡峭的绝壁环绕，坑口边缘的海拔在 1207 ～ 1321 米。西侧的垭口最低，海拔 1207 米，而东侧的石峰最高，海拔 1321 米。天坑东西方向长 220 米，南北方向宽 160 米，最大深度 312 米，容积约 5.8 兆立方米。

白洞天坑（李晋　摄）

神奇的是，白洞天坑的底部受到了冒气洞的影响，其绝壁向南偏移，因此坑口和坑底的形态并不相同。坑底是一个由北向南倾斜的斜坡，一直延伸到南侧绝壁下面的冒气洞。这个冒气洞的洞口形状近似三角形，宽约 60 米，高约 20 米。如果你勇敢地走进洞口，先沿着斜坡下行 100 米，再爬上 150 多米的"秘密通道"，抬头就能看见那高大而神奇的冒气洞天窗，这将是一次难忘的体验。

白洞天坑的标志性观赏植物为方竹。尽管白洞天坑底部的林木并不完整，树木数量和品种都相对较少，草本植物也不多，但仍然有一些植物能够在这里顽强生长，如刺通木、板蓝根等。这些植物的存在，为白洞天坑增添了几分生机与活力。

冒气洞地下大厅的夏日奇观（李晋　摄）

天坑群里的"宰相"——大曹天坑

常言道"宰相肚里能撑船"，说的是人的胸怀与气量大。说大曹天坑是大石围天坑群的"宰相"，因为它底部的地下河溶洞中藏着一艘"地心潜艇"——中国第三大、世界第五大的溶洞大厅"红玫瑰大厅"。

大曹天坑坐落在乐业县同乐镇央林村大曹屯的西边，距离村庄大约300米。它位于三个洼地的交汇点，坑口的地形比较平坦，周围的海拔都在1200米左右。坑口的形状不规则，南边宽北边窄，从南到北有250米长，从东到西有140米宽。天坑的底部整体向南倾斜，绝壁从北向南逐渐升高，东南侧最高的绝壁达到108米，而北侧最低的只有15米，绝壁的平均高度是46.3米。整个天坑的容积为1.3兆立方米。别看大曹天坑的容积不大，它下面可是别有洞天，藏着另一个世界。

红玫瑰大厅（Carsten Peter　摄）

在天坑底部的东北角，有一个地下河溶洞，洞口高高在上，有 80 米高，55 米宽。走进洞口，沿着 50 多米长的斜坡前行，你会在洞的尽头发现一个直径 1.5 米、深 30 米的竖井。竖井的下面就是大曹天坑的地下河洞穴，而红玫瑰大厅就是这个洞穴里的"老大"。

大曹天坑的植被以草本植物和灌丛为主，树木比较少见。只在西南侧的坑底，有一小片森林。坑底的大部分地方都被崩塌的块石、黏土和灌丛所覆盖，显得有些杂乱无章。但正是这些自然的元素，共同构成了大曹天坑这个神秘而壮丽的自然奇观。

大曹天坑（李晋　摄）

天坑群里的吉祥福地——燕子天坑

    燕子天坑位于广西乐业县同乐镇刷把村垒容屯西边约 1.3 千米处，因天坑的绝壁崖洞中栖息着大量燕子而得名。燕子一直以来都被视为吉祥的象征，寓意着爱情美满（因为它们常常成双成对）、家庭幸福（有燕子筑巢的家庭被认为和谐圆满）。燕子的迁徙还见证了气候的变化，让人感叹时光的流逝与人事的更替。如今，燕子天坑依然聚集着大量燕子，

燕子天坑（李晋 摄）

体现这片土地的生机与活力。

燕子天坑的坑口位于石峰斜坡上，形状近似圆形，顶部没有完全崩塌，像戴着一顶"鸭舌帽"。坑口小而坑底大，顶部平面投影面积 5450 平方米，底部面积 1.4 万平方米，是坑口的 2.6 倍。站在坑底仰望坑口，颇有"坐井观天"之感。坑口北侧和南侧是石峰山坡，东侧是山脊，西侧是洼地。东侧地势最高，海拔 1382 米，西侧最低，海拔 1295 米，坑底最低处海拔 1150 米。天坑四周被绝壁环绕，西侧绝壁高 80～100 米，东侧绝壁高 210～230 米，坑口长度 100 米，宽度 60 米，最大深度 250 米，容积约 1.7 兆立方米。

燕子天坑的底部有一个溶洞，长约 100 米，向东延伸。溶洞内和天坑底部还留存着几座古老的熬硝遗址，其中北侧绝壁下两座熬硝遗址保存完好。令人好奇的是，先人是如何越过反倾斜坑壁到达天坑底部进行炼硝活动的？这个问题至今仍是一个未解之谜。

天坑的植被非常茂密，周边生长着许多蕨类植物，底部则遍布藤本和草本植物，偶尔还会冒出几株乔木，整个天坑充满了生机与活力。这里不仅是燕子的天堂，也是大自然的一处瑰宝。

天坑皇冠上的其他明珠

大石围天坑群里的天坑像一颗颗个性鲜明的宝石，在精美的天坑皇冠上绽放耀眼的光芒，格外引人注目。除了前面提到的比较"张扬"的天坑，还有许多默默闪耀的明珠，它们也是大石围天坑群里不可或缺的存在，让我们逐一认识一下吧。

大坨天坑又名流星天坑，是大石围天坑群中第二大天坑，位于乐业县同乐镇刷把村垒容屯。大坨天坑在发育过程中，切割了 4 座石峰和 1

雨后雾气升腾的大坨天坑（李晋　摄）

条谷地，坑口呈不规则椭圆形。天坑西南端有一个漏斗，洞口的长和宽分别为 110 米和 80 米，深度不足 100 米。大坨天坑是退化天坑，东北侧绝壁退化为崩塌石块组成的陡坡，西侧、南侧则是黏土堆积起来的陡坡，天坑底部的平缓区域曾被人们开辟为耕地。天坑南侧有观景台，可远眺北侧绝壁、群峰。

吊井天坑（唐全生　摄）

黄岩脚天坑位于乐业县花坪镇落花生屯附近，坑口呈不规则多边形，东北侧退化为斜坡，其余绝壁保存完整，绝壁高度为 110～200 米。坑底西南部及边壁植被茂密，坑底东北部长着稀疏的灌丛和蕨类。

吊井天坑位于乐业县花坪镇吊井屯，因而得名。吊井天坑由 6 座山峰围成，坑口为圆形，天坑四周为绝壁，西北侧绝壁高达200米，较为壮观。坑底呈多级台阶依次向东下降，有600平方米的平地。天坑四周林木葱茏，坑底曾作为旱地耕种，陡坡上乔木茂密，缓坡则草本繁盛；西垭口下至坑底，多见成片的人工松林。

茶洞天坑位于乐业县同乐镇，与穿洞天坑仅一山之隔。茶洞天坑的坑口近似于矩形，周边绝壁完整，东北侧最高，达155米，西南侧较矮，为87米。坑底植被茂密，乔木和灌丛相映成趣。

茶洞天坑（李晋　摄）

邓家坨天坑位于乐业县同乐镇刷把村垒容屯西南方约1000米，四周被峰丛包围，北侧、西南侧和东侧为绝壁，其余是陡坡，绝壁面可见蜂窝状溶蚀小洞穴。坑底缓和平坦，是大石围天坑群中除黄猄洞天坑外底部最平坦的天坑。天坑四周林木茂盛，层次鲜明，东南侧斜坡最茂密；大、中、小乔木和灌丛共生，争雄斗劲；蕨类繁盛，绿丛如茵。

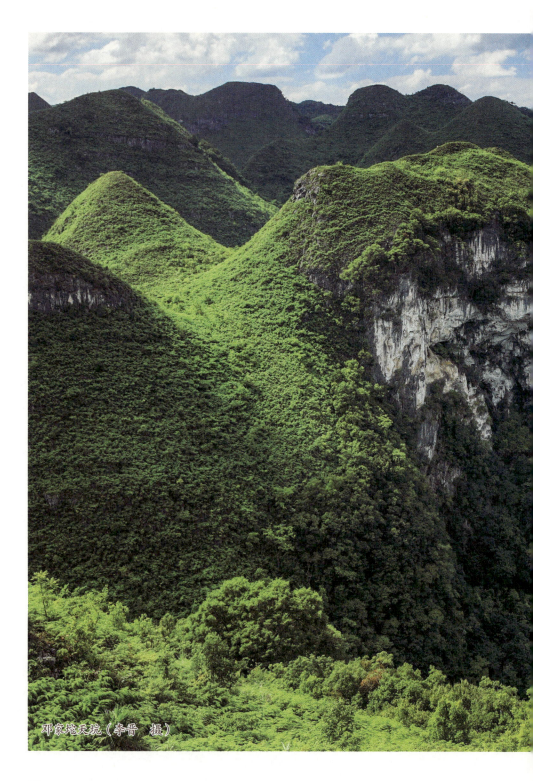

邓家坨天坑（李晋　摄）

香垱天坑位于乐业县花坪镇老屋基屯西南约 700 米处，坑口是不规则的圆形，近似一只碗。东南侧由陡壁到陡坡，再到缓坡至坑底，西南侧和西侧崖壁保存完整。坑底仅东南侧缓坡种有玉米等农作物，其余是茂密的森林。

盖曹天坑（唐全生 摄）

十字路天坑（唐全生 摄）

盖曹天坑位于乐业县逻沙乡长曹屯西边约 400 米处的峰丛谷地中，坑口呈长条形，除正西侧顶部绝壁稍为陡坡外，其他绝壁完整，东侧绝壁最高，达 135 米，西侧绝壁最矮，约 70 米。坑底为茂密的森林，天坑西侧石峰有石漠化现象，而东侧石峰则生长着茂密的灌丛和蕨类。

十字路天坑位于乐业县逻沙乡长曹屯西边 400 米处，与盖曹天坑相邻。十字路天坑的坑口既像一个鸡蛋，又像一个苗条的番薯，周边绝壁围绕，西北侧绝壁高达 200 米，其余绝壁高 100 ～ 170 米。坑底和周壁均被森林掩盖，生长着茂密的林木，但天坑周边外围轻微石漠化，长着蕨类和矮小的灌丛。

老屋基天坑位于乐业县花坪镇花坪村老屋基屯西边约 600 米处，坑口呈圆形，看起来像一只碗，周边绝壁围绕，西侧绝壁高逾 100 米，其余的高 50 ～ 70 米。坑底被村民开辟成耕地，种植玉米等农作物，因此原生态环境已不复存在。天坑周边和周壁森林茂密，发现有粗齿梭罗等珍稀濒危植物。

梅家天坑位于乐业县同乐镇梅家山庄对面公路边的峰丛谷地之中，曾一度被视为漏斗。梅家天坑的坑口为不规则多边形，东侧崖壁退化，与峰丛谷地相当，其余周壁保存完整，且北侧和西侧保留有岩屋状洞口，以北侧岩屋最高，达55米。梅家天坑靠近村庄，受人为干扰较大，底部大部分为林木和灌丛。

风选天坑位于乐业县同乐镇风选村，坑口呈矩形，东北侧与西南侧石峰对峙，以东北侧绝壁最高，达150米。天坑底部东半部为茂密的树林，西半部受人为干扰，为灌丛和裸地；顶部外围东部为灌丛，西部为荒山。

老屋基天坑（唐全生 摄）

梅家天坑（唐全生 摄）

拉洞天坑位于乐业县花坪镇花坪村新家湾屯东边约1000米处，坑口呈长槽形，东北侧与东南侧山头崩塌成"双峰对峙"的绝壁，绝壁高150～170米，适合开发攀岩旅游。坑底为茂密的树林，原生态环境良好，生长着香木莲等珍稀濒危树种。

拉洞天坑（李晋　摄）

　　苏家天坑位于大石围天坑东边 300 米处，从蓝靛窑村向北登上垭口，走过狭长的洼地，步行 15 分钟即可到达。苏家天坑由北峰、东峰、南峰和 3 个垭口组成，坑口呈椭圆形，剖面像个圆桶。坑底林木茂密，每 100 平方米约生长了 20 多株乔木。坑底还长着珍稀濒危植物大百合及珍贵的中草药植物七叶一枝花。

苏家天坑及其周边峰丛地貌（李晋　摄）

悬崖天坑（唐全生　摄）

　　悬崖天坑位于乐业县花坪镇老屋基屯西边约 400 米处的缓坡上，给人以平地突现一个天坑的神奇感觉。悬崖天坑的坑口呈偏长椭圆形，南侧、北侧、西侧为高 60 米左右的绝壁，东侧为陡坡。悬崖天坑底部曾种植玉米等农作物，现在被灌丛覆盖；周边为茂密的准原始林，黄檀藤等木质藤本在其中盘根错节，密密麻麻，绿意葱茏。

中井天坑位于乐业县花坪镇中井村的峰丛山坡上，坑口呈长槽形，东北宽、西南窄，东南局部退化为陡坡，其余周边崖壁完整，坑底植被茂密。中井天坑西南部石山轻微石漠化，其余区域生态良好。

龙坨天坑位于乐业县花坪镇中坨屯南边 150 米处，坑口是不规则多边形，西南侧绝壁高，东

龙坨天坑（唐全生　摄）

北侧绝壁稍矮，底部为朝南倾降的斜坡。坑底崩塌石块较少，土层深厚，植物以灌丛为主，乔木呈条状分布，因底部曾种植玉米等农作物，因此原始生态环境受人类干扰较大。天坑周边是茂密的森林。

打陇天坑是百朗地下河流域最北端的天坑，位于乐业县幼平乡百中村打陇屯北东边约 700 米处的山坡上，坑口是不规则的椭圆形，崖壁完

打陇天坑（李晋　摄）

整。坑底崩塌堆积的石块像尖锐的锥子，让天坑散发着一丝寒意。坑底未见洞穴，生长着茂密的原始森林。

大洞天坑位于乐业县逻沙乡罗沙谷地北东侧垭口上，是百朗地下河流域最南端的天坑，也是乐业县南部唯一的天坑。大洞天坑的坑口近椭圆形，西南侧绝壁内倾，高约100米，底部是一塌石陡坡，向西南倾斜并连接坑底，西南端有一大竖井。大洞天坑周壁的乔木稀少，大部分为灌丛。

棕竹洞天坑为百朗地下河流域最西端的天坑，位于乐业县花坪镇陇合朝屯1.1千米的林区沟谷中，从天空看像一只短小的冬瓜。天坑东西两侧大部分为绝壁，东北端和西南端退化为斜坡，坑底较平坦，由西向东倾斜形成斜坡，黏土堆积深厚，曾种植玉米等农作物。天坑周边树林茂密。

里朗天坑（唐全生　摄）

里朗天坑位于乐业县同乐镇刷把村里朗屯，在大石围天坑西侧约600米处，坑口呈长槽形，南北两端为陡坡，东西两侧是崖壁。天坑底部被灌丛覆盖，周壁长着茂密的灌丛和少量乔木，坑口外围植被稀疏，以矮小的蕨类为主。

蓝家湾天坑位于乐业县花坪镇中井村西北边约2.1千米处，坑口为圆形，四周为外倾的绝壁，底部崩塌石块较多，掩映在茂密的林木中。蓝家湾天坑林木葱茏，乔木紧贴绝壁向上生长，像一个个踮起脚尖迎客的热情东道主，成为这个天坑的一大亮点。蓝家湾天坑内有青檀等稀有的国家重点保护野生植物。

大石围天坑群中还有其他大大小小的天坑及漏斗，在此不一一列出，相关数据见表1。

表1 大石围天坑群（含大型塌陷漏斗）统计表

天坑名称	体积（兆立方米）	坑口大小（米）	天坑深度（米）	坑口海拔（米）	类型
大宴坪	80.1	1020×410	200～320	1361～1466	特大型天坑（退化）
大石围	74.5	600×420	378～613	1251～1486	特大型天坑
大坨	35.7	890×320	210～290	1247～1320	大型天坑（退化）
黄岩脚	21.4	660×170	160～230	1027～1106	大型天坑（退化）
吊井	15.1	380×310	145～215	1309～1469	大型天坑
茶洞	13.3	300×250	155～200	1211～1320	大型天坑
邓家坨	12.8	440×240	220～270	1293～1421	大型天坑
香垱	12.6	310×230	80～167	1326～1348	大型天坑
十字路	12.2	410×200	140～260	1219～1278	大型天坑
穿洞	8.8	380×190	175～312	1280～1381	一般天坑
老屋基	8.3	300×260	110～171	1224～1325	一般天坑
神木	8.2	300×270	186～234	1191～1417	一般天坑
梅家	7.4	300×150	150～207	1146～1194	一般天坑（退化）
风选	6.9	240×220	110～160	1290～1452	一般天坑
黄猓洞	6.3	280×170	140～171	1210～1260	一般天坑
白洞	5.8	220×160	263～312	1207～1321	一般天坑
打陇	3.3	240×200	96～125	922～962	一般天坑
拉洞	2.8	200×100	146～215	1345～1425	一般天坑
苏家	2.6	230×110	111～167	1340～1450	一般天坑
盖曹	1.9	220×110	95～270	1226～1336	一般天坑
燕子	1.7	100×60	180～250	1295～1382	一般天坑
悬崖	1.7	170×110	104～133	1200～1238	一般天坑

续表

天坑名称	体积（兆立方米）	坑口大小（米）	天坑深度（米）	坑口海拔（米）	类型
中井	1.6	230×110	80～110	1340～1404	一般天坑
龙坨	1.4	180×130	95～115	1326～1395	一般天坑
大曹	1.3	250×140	62～108	1093～1193	一般天坑
棕竹洞	1.1	200×120	87～110	1240～1268	一般天坑
里朗	1.0	290×80	51～131	1460～1490	一般天坑（退化）
大洞	0.9	120×80	86～194	1013～1069	一般天坑
蓝家湾	0.6	120×110	67～130	1046～1135	一般天坑
甲蒙	1.2	90×80	210～270	1226～1286	塌陷漏斗
罗家	0.7	140×100	71～128	1284～1321	塌陷漏斗
白岩垱	0.2	50×100	90～100	1261～1276	塌陷漏斗
盖帽	0.3	70×60	80～100	1244～1326	塌陷漏斗
天坑坨	0.8	120×120	50～70	1350～1396	塌陷漏斗
达记	0.4	80×60	70～90	960～980	塌陷漏斗
风选村	0.3	85×75	60～80	1301～1326	塌陷漏斗
长曹	0.4	75×65	90～110	1340～1356	塌陷漏斗
老英董	0.4	85×40	40～60	1347～1406	塌陷漏斗
阳光大厅	3.2	底180×190	260～365	1310	未成熟天坑
红玫瑰大厅	5.25	底200×300	100～220	1200	未成熟天坑

百朗地下河

百朗地下河系统

天坑的发育，离不开地下河。百朗地下河是大石围天坑群之母，不但孕育了众多天坑，还为这些天坑的发育提供"能量"，"呵护"它们成长。

百朗地下河是广西四大地下河之一，由主流和11条支流组成，总长162千米，枯水期平均流量2.83米³/秒，最小流量2.04米³/秒，最大流量121米³/秒，流域面积835.5平方千米，其中岩溶面积597平方千米，占流域面积的70%以上。

百朗地下河系统发源于海拔1050米的乐业县甘田镇达浪村，顺北西方向形成支流，汇入S形构造轴部的主流后转往北东方向，在甘田镇达波村流出地面。地面河流在甘田镇北侧8千米处又潜入地下，经武称乡到同乐镇陇洋村后转向北西方向，又经花坪镇后转向北方，在花坪镇运赖村东侧转向北东方向，最后在幼平乡百中村百朗屯以南约3.5千米处再次流出地面，以地表河流汇入红水河。百朗地下河总体分为五大段（表2）。

表2　百朗地下河系统分段河流特征简表

子系统名称	河段组成名称	简要特征
牛坪洞地下河	阳光段	总体呈北东向，长150米，宽40米，高25米，水面宽15米；南西侧有大土豆洞和蝙蝠洞2个干溶洞段，大土豆洞宽6米，高12米，蝙蝠洞宽5～8米，呈"工"字形，以洞内有大量蝙蝠得名
	莲花盆打击乐段	总体呈北西向，洞体规模与阳光段相似，水面时宽时窄，沿岸以淤泥为主
	杨柳井干溶洞段	总体呈北西向，溶洞高出水面10米，宽30米，长7.5米，洞底为泥面，洞内有4个直径约10米的巨大石笋

续表

子系统名称	河段组成名称	简要特征
牛坪洞地下河	湖区，随波逐流段	总体呈南西向，与大曹地下河相连，河段有水，水面距洞顶约10米，沿途出现5次湍流段
大曹地下河	大曹—六路坪溶洞段	总体呈北东向，由上、中、下3层溶洞组成，上层洞长200米，洞底堆积碎石块；中层洞常见流石坝及高大石笋；下层洞以泥塑景观为主，中段形成巨大厅堂——红玫瑰大厅（面积约5.8万平方米、容积约5.25兆立方米），流石坝坡长120米
	地下河段	总体呈北西向，长约1.5千米，河岸由岩石和泥构成，有蘑菇状泥岸景观
金银洞地下河		入口处位于龙洞湾U型谷地两侧的金银洞，总体呈北东向，长约2.5千米，地下水由北东流向南西，河床基本由卵砾石堆积，枯水期可步行，北东及南西处出现几个大厅及迷宫式洞穴，偶见规模较大的壁流石笋，有先人留下的灰烬和脚印
黄褶洞地下河		入口位于深洼地半坡上，由洞口下到地下河需150米长的绳索，河道蜿蜒曲折，总体呈北东向，北东部与大曹地下河相通。主河道宽20多米，高10米，水面宽5米，沿途有许多支流，总长2406米，西段河道水流平缓，可划船行进
白洞地下河		形似不对称的W，总体呈东西向，由白洞天坑、冒气洞干溶洞段和北东向地下河段组成，全长4859米，东部可能与黄褶洞地下河相连，下游河道沿北东流向断崖且水道狭窄，上游河道被多个干洞分离，河道内洞体宽8～30米，高10～30米

百朗地下河地表水与地下水频繁转换，四出四进。它没有较宽的地表河流，只在上游和与非岩溶区相邻的边缘地带是地表水，仅在部分地方看得见地表明流。在甘田坡立谷，地下水在达波村流出地表后，经甘田、夏福向北流淌，在河边屯又潜入地下。在平寨—罗妹莲花洞—牛坪一带的平寨河，是大石围天坑群主要的地表河，河水从黑洞流出，与另一支流——龙王洞地下河汇集，接着向北流到罗妹莲花洞，流出几十米的明流后，又潜入地下；之后，在牛坪坡立谷形成明流，很快再潜入地下，直到地下河总出口才重新钻出地面。

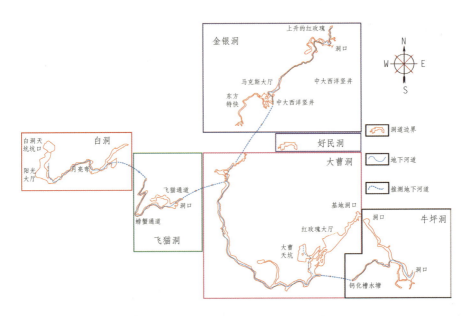

金银洞

上升的红玫瑰

洞口

马克斯大厅

中大西洋竖井

东方
特快

中大西洋竖井

N
W E
S

白洞天
坑坑口

白洞

月亮弯

洞道边界

地下河道

推测地下河道

好民洞

大曹洞

飞猫通道

洞口

基地洞口

螃蟹通道

红玫瑰大厅

洞口

牛坪洞

飞猫洞

大曹
天坑

钙化槽水塘

洞口

百朗地下河中部分可进入的地下河系统

百中峡谷和地下河出口

因为河道有丰富的沉积物，百朗地下河有时会在洪水期堵塞淹水，逻沙谷地、牛坪坡立谷、六为坡立谷等曾经出现积水几天的情况，像是地下忽然冒出一个个"红水湖"来。有时也会在出口处发生历时几小时甚至几天的断流情况，这是由地下河主河道洞顶坍塌、河道被堵、河水绕道而行造成的，有一点神龙见首不见尾的意味。

百朗地下河河水

百朗地下河为什么可以成为大石围天坑群的母亲河呢，她有何与众不同之处呢？我们先看看百朗地下河的河水。

百朗地下河的河水大概可以分成3种。

第一种是碳酸盐岩类裂隙溶洞水，主要分布在百朗地下河流域的中上游段，岩石为硅质团块灰岩、生物碎屑灰岩、白云质灰岩、白云岩等，岩溶发育强烈，含水量充足。这类地下河河水丰沛，枯水期的流量也能达到2140升/秒，是百朗地下河河水的主力军。

第二种是碳酸盐岩夹碎屑岩类裂隙溶洞水，分布在百朗地下河流域S形构造的外环，岩石为生物碎屑灰岩、泥晶灰岩、条带状灰岩、扁豆灰岩、泥灰岩等。这类含水层的溶洞、暗河不发育，形成含水量少或贫

枯水期湍急的地下河水（李晋　摄）

乏的碳酸盐岩，水以裂隙水为主。

第三种是碎屑岩类基岩裂隙水，岩石为砂岩、粉砂岩、泥岩、硅质岩等。水以泉水、小溪为主，流量很小，一般小于 5 升 / 秒。

百朗地下河流域的 S 形构造岩溶区地势比周围的山岭都低，降水形成的水流从高往低汇入百朗地下河，使它充满力量，从而能够搬运大量天坑崩塌岩石。在岩溶区，水流通过溪沟、峡谷、裂隙、落水洞、竖井、天窗、天坑等渗透补给地下水，形成岩溶地下水。百朗地下河吸收和排流着 S 形构造区域所有的地下水和地表水，为大石围天坑群的生长提供充足的"能量"，是大石围天坑群发育演化的力量之源。

百朗地下河和她的孩子

百朗地下河具有惊人的侵蚀溶蚀能力和搬运能力，耐心十足地把大石围天坑群崩塌的数亿立方米的石头或堆积物清除搬走，并创造出一大批复杂的洞穴通道、巨大的溶洞大厅等。百朗地下河是一位称职的母亲，日复一日含辛茹苦地孕育着大石围天坑群里一个又一个"娃娃"，并将这些地质奇观呈现于世人面前。

当前，这位母亲仍带着身孕，怀的俩"娃"就是冒气洞天窗和红玫瑰大厅。

冒气洞天窗位于白洞天坑南侧，高 365 米，底部是直径 180 米的溶洞大厅。大厅中央被 150 米高的崩塌石块堆积占据，可以看到地面小洞口照射下来的阳光，所以又叫阳光大厅。冒气洞容积约 3.2 兆立方米，底部面积约 2.7 万平方米。底部岩块岩性与周壁围岩崩塌体相同，大小混杂，呈尖棱角状，未遭受溶蚀。底部的斜坡连着溶洞地下河。目前，冒气洞天窗洞顶面积只有 16.5 米 × 10 米，如果洞顶继续崩塌，扩大到

白洞天坑和冒气洞天窗间的洞穴剖面（隋佳轩　绘）

与坑口等大，就形成了成熟的天坑。如果白洞天坑和冒气洞天窗之间的岩体完全崩塌，两者贯通就会形成一个超级大天坑。

红玫瑰大厅位于与大曹天坑相连的百朗地下河系统的大曹—六路坪溶洞段中段，此处中层洞与下层洞互相贯通。红玫瑰大厅底部堆积着几十米高的崩塌岩块，呈尖棱角状，杂乱堆积，表面未见溶蚀痕迹。红玫瑰大厅长 300 米，宽 200 米，底面积 58340 平方米，容积 5.25 兆立方米，

大曹天坑和红玫瑰大厅剖面（隋佳轩　绘）

其容积位列中国第三、世界第五。如果红玫瑰大厅的顶板完全崩塌，露出地面，又将为天坑群增添一个新成员。如果大曹天坑与红玫瑰大厅之间的岩体完全塌落，也会形成一个超级大天坑，它的坑口将比大石围天坑的坑口大得多。

冒气洞天窗和红玫瑰大厅是塌陷型天坑生长发育的突出例证，是目前天坑群中看得见的"十月怀胎"。在百朗地下河这位勤劳而富有耐心的母亲持续发力下，大石围天坑群将诞生更多的天坑"娃娃"。

地质遗迹

『天书』

地质遗迹多样

地质遗迹是在地球演化的漫长地质历史时期中，由于内外动力的地质作用形成和发展，并自然留存或出露于现今地表的各种地质作用产物和现象。大石围天坑群和百朗地下河流域犹如一本珍稀的地质遗迹"天书"，需有一定本事才能翻阅和领悟其中奥妙。

大石围天坑群是百朗地下河流域的地质遗迹代表。该区域的地质遗迹除全球分布最集中、数量最多的天坑群外，还有峰丛、峰林、坡立谷、岩溶峡谷等，还包含气势磅礴的地表岩溶地质遗迹，类型丰富的古生物遗迹、岩石遗迹、区域构造遗迹，神秘幽深的地下岩溶地质遗迹（包括

穿洞天坑及其周边峰丛地貌（李晋　摄）

地下河、溶洞、竖井和洞穴沉积物）等。该区域共91个地质遗迹点，其中，5处为世界级地质遗迹、4处为国家级地质遗迹、82处为省级及以下地质遗迹。这些地质遗迹为建立国家地质公园和申报联合国教科文组织世界地质公园提供坚实的基础。

该区域的地质遗迹分为基础地质遗迹和地貌景观遗迹两大类。基础地质遗迹包括古动物化石产地（4个）、沉积岩剖面（2个）、断裂遗迹（2个）、层型剖面（2个）、矿床露头（1个）共5个种类。地貌景观遗迹包括碳酸盐岩地貌（峰林2个、峰丛2个、岩溶峡谷1个、边缘坡立谷3个、坡立谷2个、天窗3个、天坑29个、漏斗9个、洞穴22个、溶洞大厅2个、碳酸盐岩遗迹4个）和河流（百朗地下河）。

基础地质遗迹

（一）古动物化石产地

大石围天坑群一带碳酸盐岩层中蕴藏着丰富的生物化石遗迹，包括蜓类、海绵、藻类、珊瑚、海百合和腕足类等海洋动物化石。这些化石是确定大石围天坑群碳酸盐岩层形成年代和研究古地理变迁的重要依据。

2亿多年前，大石围天坑群所在区域还是一片汪洋，蒋家坳化石遗址便是最好的证据。在乐业县同乐镇刷把村蒋家坳，地质学家们发现了叶状藻、蜓类和腕足类化石。

叶状藻生活于2亿多年前的早二叠世早期，化石呈浅灰白色，与寄生的岩石形成黑白相间的花纹图案。其形如海带，固定在岩石上生长，常与海百合、苔藓虫等生物共生，一般生活在海水清洁、阳光充足、水深数十米、波浪微弱的浅海环境。叶状藻遇到大风浪会断裂，被海水冲到安静地带堆积，经过成岩作用形成生物化石。

蜓类生活于2亿多年前的浅海环境，具有演化迅速、形态演化特征明显、演化阶段明确的特点。大石围天坑群的蜓类化石呈米粒大小，以原小纺锤蜓、麦蜓、假希瓦格蜓、新希瓦格蜓最为常见。

腕足类海洋生物个体直径为0.5～3厘米，多数壳瓣分裂。该类化石大概是腕足类生物死亡后被风浪冲到低洼的滩涂，与碳酸钙沉积形成的。

在乐业县雅长乡新场村南东向的一个洞穴里，地质学家们挖出一个保存完好的大熊猫头骨化石，后来这里被称为熊猫化石洞。这只熊猫生活于距今约200万年前，这个化石是迄今为止发现的最完整的早期大熊猫化石（大熊猫小种的头骨化石）。这种原始的大熊猫喜素食、体型较小、脸部较长，模样更接近于熊。基因测序结果表明，它与现存大熊猫的遗传关系十分接近。该化石是第一个线粒体基因组被完整测序的古熊猫化石。

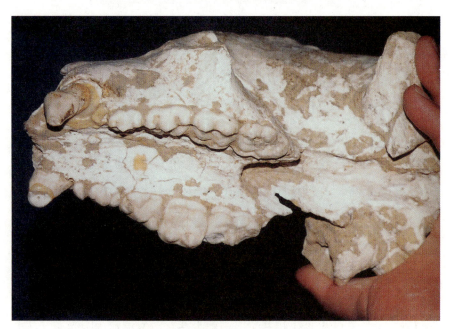

大熊猫小种的头骨化石（李晋　摄）

（二）沉积岩剖面

沉积岩剖面位于大石围天坑东壁马蜂洞内，为新近纪地层古生物剖面，剖面高约 80 米、长约 30 米、厚约 14 米，主要岩性为细砾岩、含砾砂岩及泥岩，沉积特征以水平层理为主，无交错层，砾石不具二元结构，并含少量有机质，说明其可能属河流湖泊相沉积。这些岩层中含丰富的植物孢粉化石，以被子植物花粉为主，其次为蕨类孢子和裸子植物花粉。被子植物花粉中以桦科花粉较发育，主要有桦粉属花粉、榛粉属花粉、桤木粉属花粉、鹅耳枥粉属花粉。草本植物花粉主要为藜粉属、菊科、禾本科的花粉。裸子植物花粉中以松科花粉最发育。蕨类孢子中水龙骨科单缝孢子较发育，还有木沙椤孢属孢子和凤尾蕨孢属孢子等。

（三）断裂遗迹

大石围天坑群中断裂遗迹甚为常见，张性断裂、压性断裂和扭性断裂均有。例如，大坨天坑边的公路边坡上，前后石灰岩层十分破碎，破碎带宽 30 米。破碎带中岩石全部呈角砾状、棱角状或次棱角状，成分为石灰岩，大的直径达 1 米，小的直径 0.2 米，大小混杂，节理裂隙发育，钙质铁质胶结，并发育有大量侵入性方解石脉，说明有断层发育及热液活动。断层三角面是断层发生错动或崩塌后形成的三角形陡崖，是断层活动的标志之一，常见于大石围天坑群各天坑坑壁和山盆分界处，如大石围天坑、大坨天坑坑壁和乐业坡立谷边缘等。

地貌景观遗迹

（一）峰丛

　　峰丛是由纯碳酸盐岩组成的、有统一连生基座的石峰、洼（谷）地相伴的地形。石峰高峻、挺拔，顶部通常呈圆锥状或尖锥状；洼地浑圆或呈长条形。石峰与洼地高差200～500米，形成高峰丛深洼地的地貌形态组合。大石围天坑、龙坪天坑、大曹天坑等地的峰丛是高峰丛深洼地的典型代表。

大石围天坑群峰丛地貌（李晋 摄）

（二）坡立谷

　　坡立谷是岩溶区内面积较大的谷地。边缘坡立谷是岩溶区与非岩溶区连接处形成的面积较大的谷地。坡立谷底部或边缘常有泉水、地下河、落水洞和地表河出露，有时消水不畅，为水所淹，形成间歇性湖泊。坡立谷和边缘坡立谷是人们比较理想的居住地。例如，乐业—甘田—浪平区域弧形断裂的乐业段较为发育，形成同乐边缘坡立谷，乐业县城就窝在同乐边缘坡立谷的怀中。在四周起伏的山峦与谷壁的轻轻环绕下，乐业县城像一个被精心呵护的珍宝。位于同乐镇下岗村牛坪屯的牛坪坡立

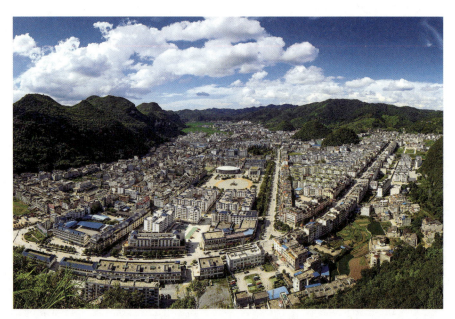

乐业县城边缘的坡立谷（李晋　摄）

谷和位于同乐镇六为村下六屯和上六屯之间的六为坡立谷，是人们耕作、聚居的重要地方。

（三）岩溶峡谷

岩溶峡谷又称为喀斯特峡谷，是岩溶地区由于河流长期侵蚀和溶蚀作用而形成的深切河谷。大石围天坑群岩溶峡谷的典型代表是百中峡谷。它原来叫作百朗大峡谷，位于乐业县幼平乡，南起百中村，北至百朗地下河出口，全长约 6500 米。河流在百中村北 900 米处流入地下河而成为断头河，峡谷变成盲谷。百中峡谷前半段为宽谷，后半段为狭谷，河床坡降大，水流湍急，两侧峰丛林立、奇异秀丽，谷壁陡峭、林木葱茏。在峡谷的末端，百朗地下河露出地面，一部分被引到百朗电站发电，另一部分汇入红水河。

百中峡谷（李晋 摄）

（四）天窗

天窗是地下河或溶洞顶部通向地面的透光部分，包括地下河（洞穴）露出地面的部分、地下河的明流段、通向地面的洞顶孔穴。大石围天坑群有很多天窗，如穿洞天坑半月洞天窗、蜂子凼天窗、冒气洞天窗、红米洞天窗、白竹洞天窗、大洞天窗等（表3）。

表3　大石围天坑群的天窗

名称	位置	高度（米）	主要特征
冒气洞天窗	牛坪	365	洞口呈长方形，16.5米×10米，底部为阳光大厅；有呼吸现象，呼气风速达6.7米/秒
大洞天窗	逻沙乡	45	洞口呈长方形，60米×10米，天窗下发育2座小天生桥，桥高分别为10米、20米，宽3.5米左右
红米洞天窗	新化乡	96	洞口呈不规则四边形，18米×13米，天窗下洞体南倾，西南洞壁有石钟乳，下方为碎石所堵塞

续表

名称	位置	高度（米）	主要特征
白竹洞天窗	武称乡	41	洞口呈矩形，15 米 ×10 米，有台阶绕洞壁到洞底，直通地下河，洞厅东北壁有石钟乳，洞底堆积大量砂卵石
蜂子坳天窗	同乐镇	40	塌陷形成的天窗，夏日天窗内外温度相差 6℃
穿洞天坑半月洞天窗	花坪乡	79	洞口呈椭圆形，洞底为圆形厅堂式球形洞

　　半月洞天窗位于穿洞天坑西南绝壁下方，是一个直径 70 米、高 80 米的洞穴厅堂，正午时候阳光从天窗射入大厅，光柱犹如从童话照进现实。半月洞洞口因生物作用释放二氧化碳，加速水中碳酸钙沉积，形成向光性钟乳石。

　　蜂子坳天窗群位于同乐镇。蜂子坳洞有 3 个洞口，形成蜂子坳、沙堡堡、骆家 3 个天窗，被称为"一洞三坑"。蜂子坳天窗和沙堡堡天窗位于火卖洼地内，相距 25 米，骆家天窗位于火卖洼地外面，3 个天窗高度分别为 40 米、10 米、58 米。

蜂子坳天窗群（李晋　绘）

蜂子垱天窗阳光直射景象（李晋　摄）

地下溶洞

溶洞是岩溶地区最显著的地貌特征。大石围天坑群的洞穴数量众多、类型多样，有洞穴 33 个，可进入的区域总长超过 100 千米。其中典型溶洞有 21 个，极具代表性的溶洞有大石围地下河洞穴、罗妹莲花洞、冒气洞、熊家东洞和熊家西洞、大曹洞和红玫瑰大厅等。

（一）溶洞特征

第一，分布集中，洞道长、洞穴深。大石围天坑群的洞穴出露高程 880 ～ 1425 米，分布范围为海拔 880 ～ 1430 米。就单个洞穴系统而言，洞道最长的是大曹洞，实测长度超过 9 千米；洞道最深者为大石围地下河洞穴，实测深度约 760 米。

第二，垂向上分布具层次性。调查发现该区域共有 13 层溶洞，层间距离在 20～30 米，最小 5 米、最大 145 米，反映出大石围天坑群新构造运动为持续间歇性上升。

第三，洞穴堆积物丰富多彩。洞内无论是块石堆积、黏土堆积还是次生化学沉积物堆积，均有较大分布面积和较大体量。例如，罗妹莲花洞上层洞均遍布莲花盆，莲花盆数量多，包括单体和复合体（平面连生及垂向叠置），以单体为主。

罗妹莲花洞莲花盆群（李晋　摄）

第四，大石围天坑群内洞穴大多沿地质构造节理裂隙面或层面发育，在两组节理交汇处往往形成溶洞大厅。例如，红玫瑰大厅容积约 5.25 兆立方米，居中国第三位；冒气洞阳光大厅容积达 3.2 兆立方米，居中国第十位。

第五，大石围天坑群内竖井深数十米至数百米，分布于地下河通道及其附近。其中，典型的竖井有风岩竖井和大平竖井。风岩竖井洞口海拔 995 米，深度 369 米；大平竖井洞口海拔 1320 米，深度 133 米。

第六，大石围天坑群内洞道不仅溶洞大、竖井深，而且洞道非常高。例如，冒气洞高 365 米，为世界最高洞穴之一；红玫瑰大厅高 220 米，名列世界前茅。

（二）典型溶洞

大石围地下河洞穴的起点为地下河天窗，有 60 多米长的斜坡。洞口位于大石围天坑西绝壁下，高 25 米，宽 55 米；洞穴长 6630 米，宽 15～45 米，高 15～30 米，最高处在 80 米以上。从天坑边的垭口算起，洞道深度达 760 米，为中国最深洞穴之一（表 4）。地下河通道像弯曲的树木根系，前 1000 米为单河道，1100 米处在左岸汇入 1 条支流，在约 1500 米处有 2 条支流汇入；在约 5000 米处有 1 个水潭，水潭的一侧有直径 1 米的大石缝，下方为直径 2 米的圆形落水洞，地下河河水在这里消失。

表 4　中国最深的 5 个洞穴

名称	深度（米）	所在行政区		地貌区域主要特征
		省（市、自治区）	市（县）	
天星洞系	1020	重庆	武隆	四川盆地南部边缘与大娄山地带暨乌江支流芙蓉江下游峰丛峡谷
小寨天坑洞	807	重庆	奉节	四川盆地东部边缘与鄂西山地带暨长江二级支流九盘河上游峰丛峡谷
大坑竖井	775	重庆	武隆	四川盆地南部边缘与大娄山地带暨乌江支流芙蓉江下游峰丛峡谷
大石围地下河洞穴	760	广西	乐业	云贵高原向广西盆地过渡地带暨红水河支流百朗地下河中游峰丛洼地
万丈坑	654	重庆	涪陵	四川盆地南部边缘与大娄山地带暨乌江峰丛峡谷

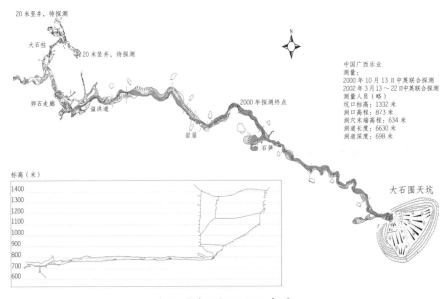

大石围地下河洞穴示意图

罗妹莲花洞位于百朗地下河上游，分为上下两层，上层洞为干洞，下层洞为地下河水洞。上层洞洞道长970米，宽10～50米，高2～20米，洞底大体平坦，长着许多让人叹为观止的"莲花"——共计296个直径0.1～9.2米、高5～70厘米的莲花盆，其中有一个直径9.2米的莲花盆被称为"莲花盆之王"。莲花盆的形状各异，有圆形的、椭圆形的、枕形的、不规则形状的，看起来像碟子、木耳、蒲团、石磨、水盆……最奇特的是石柱莲花盆，盆中顶立一根石柱，像花盆长出一株有花有叶、亭亭玉立的莲。莲花盆内外布满穴珠，大的如板栗，小的像黄豆，为莲花盆增添许多生气。罗妹莲花洞的莲花盆在数量、规模、形态多样性上堪称世界之最。此外，洞中还有流石坝、石田、石旗、石带、石幔、石瀑、石幕、石盾等，石田阡陌纵横、延绵不断，斜坡上的石梯田层层叠叠，流石坝平行于洞壁蜿蜒展布，犹如洞穴世界里的世外桃源。下层洞是百朗地下河的河道，呈多级"之"字形分布，洞体一缩一放，在转弯处变窄。下层洞入口距上层洞入口约90米，仍处在地下河发育阶段，洞道长679

米，宽 5～33 米，高 7～10 米。枯水期地下河水面宽 0.7～15 米，大多时候小于 1 米。

罗妹莲花洞中的"莲花盆之王"

曲线优美的流石坝

冒气洞在白洞天坑内，可从天坑底部南侧走斜坡进入。白洞天坑到冒气洞的洞穴长约 400 米，钟乳石类景观稀少。冒气洞底部堆积着崩塌的石块，南侧为深约 150 米的陡坡，坡底连接百朗地下河。冒气洞像一个倒着摆放的漏斗，从地下河到天窗高 410 米，从崩塌体最高点到天窗高 260 米，是世界最高的洞穴之一，容积约 3.2 兆立方米。春夏及冬季的雨天，洞内与洞外的气压和温湿度形成差异，从而出现冒气和吸气的奇观。冒气现象极为壮观，几百米之外都能看见白雾喷涌形成烟柱，直立半空。冒气时，洞口的树木落叶飘浮在空中，久久不落下。吸气现象也十分奇特，洞口四周的树叶、竹叶被洞里的气流吸进去，猎猎作响，犹如电影中仙人施法的场景，令人惊叹的同时带有点神秘。

冒气洞（李晋 摄）

熊家东洞和熊家西洞因两洞之间的洼地居住着熊姓人家而得名。洼地西边是熊家西洞的东洞口，东边是熊家东洞的西洞口，两个洞口相距约 100 米。据推测，这两个洞原来是一体的，因洞顶塌落而分成两个洞穴。熊家东洞长 1770 米，宽 5 ～ 46 米，高 3 ～ 30 米，洞口位于竹林坝西北约 200 米处的山腰上。从竹林坝洞口至流石迷宫约 700 米的洞段地面平坦，其余起伏较大。洞内地面以流石为主，也有泥土地面。高大石笋散布整个洞穴，有的独领风骚，有的成群出现，有的突兀立在流石上。洞内有 4 处滴水塘。洞穴中部形成迷宫型的厅堂，迷宫之后约 200 米处有 450 米长的流石坝，地面波纹十分壮观，是熊家东洞的特色景观之一。熊家西洞长 1360 米，宽 1 ～ 80 米，高 2 ～ 35 米，洞内多壁流石和石笋，有 2 个大厅，面积分别为 3500 平方米、6000 平方米。西洞最奇特的景观是"钙化木槽"。木槽是从前当地人取洞顶滴水用的，久而久之，木槽被水中的碳酸钙包裹，与洞底的流石合二为一。该景观与珍珠的形成有异曲同工之处。

熊家东洞一隅（李晋　摄）

大曹洞位于大曹天坑底部的东侧，洞穴长约 9460 米，分为 3 层。上层洞位于天坑底部，钟乳石景观稀少；中层洞洞穴高大，以红玫瑰大厅及巨大流石坝为代表；下层洞为地下河洞穴，洞底被黏土覆盖。红玫瑰大厅位于大曹地下河的中段，此处中层洞与下层洞贯通，引发中层洞顶板崩塌。红玫瑰大厅平面为梯形，长300米，宽200米，高220米，底面积58340平方米，容积5.25兆立方米，是中国第三、世界第五大的溶洞大厅。洞厅底部约有1/3为堆积的黏土，洞壁北西侧发育长200米、高100米的巨大石瀑和壁流石，与下层洞的泥淋景致一起构成了壮丽辉煌的景观。

大曹地下河洞道（向航　摄）

大石围天坑群
生物多样性

大石围天坑群植物概况

大石围天坑群仿佛是大自然精心雕琢的秘境，蕴藏着无尽的自然奥秘与生命奇迹。区域内植物多种多样，隐藏着一个又一个植物王国，不仅展现出生命的顽强与多样，更透露出大自然无尽的创造力与魅力。经过专家学者的精心探测与梳理，大石围天坑群的植物区系、植被及特色植物得以一一呈现。

大石围天坑群景观多样，生态复杂，不断有新物种被发现。截至2019年，该区域有维管植物 168 科 514 属 1033 种，其中蕨类植物 29 科 59 属 151 种，裸子植物 5 科 10 属 13 种，被子植物 134 科 445 属 869 种。被子植物最丰富，科、属、种数均占植物总数的 80% 以上。

大石围天坑群的种子植物可划分为世界分布、热带分布、温带分布、东亚分布等，以热带分布为主，占总科数的 48.91%，世界分布占 26.28%，温带分布占 21.17%，东亚分布占 2.92%，南半球热带以外间断或星散分布占 0.73%。从此可知，大石围天坑群种子植物属于热带性质，中国特有成分相对较少。

大石围天坑群有各类保护植物 20 种。国家一级保护野生植物 2 种，为南方红豆杉、掌叶木。国家二级保护野生植物 6 种，为华南五针松、西双版纳粗榧、香木莲、地枫皮、黄檗、红椿。世界自然保护联盟《濒危物种红色名录》收录极危种 2 种，为绿花杓兰、铁皮石斛；濒危种 2 种，为小叶兜兰、长瓣兜兰；易危种 7 种，为低头贯众、西双版纳粗榧、香木莲、八角莲、葫芦叶马兜铃、南岭黄檀、秀丽椴木。广西重点保护野生植物 10 种，为黄枝油杉、西双版纳粗榧、八角莲、葫芦叶马兜铃、岩

神木天坑顶部绝壁上的华南五针松（李晋　摄）

黄连、青钱柳、绿花杓兰、铁皮石斛、小叶兜兰、长瓣兜兰。其中，葫芦叶马兜铃是首次在乐业县被发现，只分布在燕子天坑底部。

　　2016年，在大石围天坑群调查发现新种2种，分别为在燕子天坑发现的天坑瑞香，在大石围天坑的洞穴口发现的乐业石蝴蝶。

天坑群的"空谷幽兰"

　　天坑绝壁深处，亦有芳华绽放。天坑四周环绕的峭壁和坑底高大挺立的树木，为很多兰科植物提供了梦寐以求的栖息地，也为野生兰花创造出天然的庇护所。

兰科是被子植物中最大的科之一。全世界约有 736 属 28000 种兰科植物，以热带地区的兰科植物最丰富。兰科植物具有极高的观赏价值，许多兰花品种为世界级花卉名品；还有些品种有很高的药用价值，如铁皮石斛等。兰科植物在进化过程中形成了不同的生活类型，有地生兰、附生兰、腐生兰、攀缘藤本等。

2005 年，我国首个以兰科植物命名并以其为重点保护对象的广西雅长兰科植物国家级自然保护区在乐业县建立。乐业县分布着丰富的兰科植物，部分物种规模巨大，如莎叶兰、带叶兜兰、台湾香荚兰等。2008 年，乐业县获得首批"中国兰花之乡"称号。2010 年，广西公布了《广西壮族自治区第一批重点保护野生植物名录》，所有的兰科植物都被纳入保护范围，占广西重点保护野生植物种类的 80% 以上。

广西雅长兰科植物国家级自然保护区中成片的带叶兜兰

大石围天坑群与广西雅长兰科植物国家级自然保护区地理位置和地质环境相近，兰科植物种属也相似。大石围天坑群有30属67种兰科植物，其中地生兰38种、附生兰26种、腐生兰3种。地生兰中以兰属分布种类最多，有9种（绿花杓兰、长瓣兜兰、硬叶兜兰、束花石斛等），其他分布较丰富的还有开唇兰属2种、羊耳蒜属5种、兜兰属4种，等等。附生兰以石斛属分布

绝壁上的硬叶兜兰（李晋 摄）

种类最多，有4种，其他有毛兰属3种、石仙桃属3种、鸢尾兰属3种，等等。分布的唯一一种藤本兰科植物为台湾香荚兰。

大石围天坑群特色植物

大石围天坑群的地质环境会形成特殊的小气候与生态系统，生长出茂密的珍稀植物，其中特色植物有香木莲、掌叶木、方竹、细棕竹、天坑瑞香、岩黄连、八角莲、岩石翠柏等。物以稀为贵，它们可都是植物王国里的"奇珍异宝"。

香木莲在大石围天坑、神木天坑、白洞天坑、罗家天坑、穿洞天坑均有生长。植株高可达35米，胸径可达1米，各个部分揉碎后均芳香。树皮灰色，光滑；新枝淡绿色，新芽被白色平伏毛，顶芽椭圆柱形。叶片长15～19厘米，宽6～7厘米，叶脉稀疏。花梗粗壮；花被片白色，

4轮排列，每轮3片。果实鲜红色，近球形，直径7～8厘米，成熟时开裂。花期5～6月，果期9～10月。

掌叶木在穿洞天坑、拉洞天坑、大石围天坑、神木天坑、流星天坑均有生长。树皮灰色；小枝褐色，散生圆形皮孔。叶柄较长；小叶4～5片，椭

香木莲（李晋 摄）

圆形至倒卵形。花序长疏散，多花；花梗上散生圆形小鳞秕；萼片长椭圆形，两面被微毛，边缘有缘毛；花瓣外面被伏贴柔毛。蒴果棒状或近梨状，种子有假种皮包裹种子下半部。花期5月，果期7月。

方竹在大石围天坑、神木天坑、白洞天坑有零星分布。竹竿直立，高3～8米，粗1～4厘米，节间长8～22厘米。竹竿稍圆胖，形似四方，因而得名。竹竿中部以下各竹节环生刺形的根须。花期4～7月，笋期9～11月。

方竹（李晋 摄）

细棕竹在大石围天坑底部林下集中分布。植株高1～1.5米，茎圆柱形，有节。叶掌状，分成2～4枚裂片；叶柄很纤细。花序长约20厘米，分支少；花序梗上有2～3枚大佛焰苞，管状；花小，雌雄异株。果实球形，蓝绿色。种子1颗，球形。果期10月。

天坑瑞香是燕子天坑发现的瑞香科新种，花为白色，目前仅在险峻的燕子天坑底部零星分布。

岩黄连产于石灰岩缝隙中，在大石围天坑、穿洞天坑、和平洞、熊

家洞群的岩壁上均有分布。植株高30～40厘米，主根粗大，根茎繁茂，枝条与叶对生。总状花序，多花，先密集，后疏离；花金黄色，平展；萼片近三角形；外花瓣较宽展，渐尖。蒴果线形，有1列种子。

八角莲在神木天坑、穿洞天坑、大石围天坑的林下零星分布。植株高40～150厘米，根茎粗壮，横生，多须根；茎直立，不分支，无毛，淡绿色。叶盾状，4～9掌状浅裂，边缘具细齿。花深红色，5～8朵簇生；萼片6枚，长圆状椭圆形；花瓣6枚；子房椭圆形，花柱短，柱头盾状。浆果椭球形。花期3～6月，果期5～9月。

岩石翠柏长在石灰岩地区，在神木天坑、大石围天坑、穿洞天坑、黄猄洞天坑零星分布。植株高可达25米，树冠广圆形，胸径可达1米，树皮棕灰色至灰色，树脂道多，树脂丰富，呈橙黄色，有松香味；小枝向上斜展、扁平，排成平面，明显成节。雌雄同株。球果绿褐色，单生或成对生于枝顶，当年成熟时开裂，通常有种子2粒。种子椭球形，上部有2个不等大的翅。

大石围天坑群植被

大石围天坑群及其周边岩溶区域的植被主要为灌草丛，森林残缺片状分布，村庄附近的风水林保护得较好，还有部分森林存活在远离村庄及居民点的山区、陡峭的山脊及难到达的天坑底部，如大石围天坑、白洞天坑、神木天坑的森林。容易到达、土层较厚的天坑，如老屋基天坑、流星天坑等底部曾被开垦为耕地。天坑群附近的碎屑岩区域土层较厚，森林植被较易恢复，有较多杉木林、马尾松林等人工林。

世界地质公园的建立，使大石围天坑群得到有效保护和管理，茶洞天坑等的耕地逐渐形成灌草丛，条件好的天坑，如邓家坨天坑逐渐恢复出林地。

（一）针叶林

大石围天坑群的针叶林属于暖性针叶林植被型，规模较小，分为细叶云南松林、短叶黄杉林、杉木林、马尾松林4个群系。

细叶云南松林是广西最主要的针叶林类型，在天坑群中呈小片状零星分布。长势较好的细叶云南松林，群落连续性不强，高约15米，混杂有落叶乔木栓皮栎，灌木层中常长有狭叶珍珠花、硬毛木蓝等，草本层常见散穗弓果黍、狗脊等。稀疏幼年林的树高3～10米，林下一般为芒萁（蕨类）。

零星分布的细叶云南松林

短叶黄杉成片生长在大石围西峰及南垭口、神木天坑西峰及西侧、苏家天坑坑口等地，其他地方仅有几株分布在山脊上，如穿洞天坑、茶洞天坑、甲蒙天坑、白洞天坑等。短叶黄杉在不同天坑的伴生树种不同，常与同样适应峰顶干旱环境的植物结为伙伴，如乌冈栎、化香树等。短叶黄杉林的灌木层以倒卵叶旌节花、滇鼠刺为主，草本层以分散的抱石莲及苔草属、石韦属植物为主。

短叶黄杉林

杉木林主要分布在黄猄洞景区、穿洞景区、大曹天坑附近的碎屑岩土山，为人工种植，有的只有草本层，有的兼有灌木层。灌木层一般比较稀疏，比较常见的有盐肤木、菝葜属植物等。草本层则以五节芒、白茅等禾本科植物为主，乌毛蕨、狗脊也较常见。

马尾松林亦为人工种植，分布在黄猄洞景区附近等，其群落有的只有草本层，有的兼有灌木层。灌木层以盐肤木、穗序鹅掌柴等为主，草本层以五节芒、白茅、乌毛蕨、肾蕨等为主。

碎屑岩土山上的杉木人工林

马尾松人工林

（二）阔叶林

青冈＋化香树林在甲蒙天坑、黄猄洞天坑一带有小面积分布。甲蒙天坑的乔木层大多可分为2个亚层：第一亚层树种较简单，以青冈为主，化香树混夹生长；第二亚层树种仍以青冈为主，但数量和化香树相当，也见黄梨木、掌叶木等。灌木层以乔木幼树居多，如掌叶木、樟、任豆等，真正的灌木只有樟叶荚蒾、竹叶花椒、石山棕等。

青冈＋青檀林分布在罗妹莲花洞景区靠近乐业县城一侧的山坡，植被保存得较好。群落乔木层有2个亚层：第一亚层树种以青冈为主，青檀第二，少量其他树种伴生，如粗糠柴、朴树等；第二亚层树种以青冈和掌叶木为主，青檀也较多，混生黄连木、化香树、南酸枣、圆叶乌桕等。灌木层以幼苗幼树为主，草本层稀疏，主要有褐果薹草和山麦冬，较为空旷。

青冈＋青檀林

　　滇青冈＋化香树林分布在大石围天坑以南的磨地、甲蒙天坑一带，面积不大，有的作为村庄的风水林，常位于洼地边缘，树种以滇青冈为主，混生樟科楠属植物及化香树等。灌木层以鹅掌柴属、花椒属植物为主，林下草本以蕨类为主。

　　香木莲林只分布于大石围天坑底部，神木天坑、流星天坑、白洞天坑各有几株，不形成群落。群落树种以香木莲为主，其次为泡花树，伴生假柿木姜子等常绿树。灌木层以中华野独活为主，草本以狭基巢蕨、翅枝马蓝、深绿短肠蕨等为主。

　　香叶树＋球序鹅掌柴林一般分布于被砍伐多次，停止砍伐后恢复起来的区域。乔木层分2个亚层：第一亚层树种以南酸枣、香木莲为主，有少量较高大的香叶树；第二亚层树种以香叶树为主，混生厚壳树、粗糠柴、朴树等。灌木层和草本层较稀疏，林下草本以楼梯草属植物为主，相连成片，有少量江南星蕨等蕨类分布。

香叶树＋球序鹅掌柴林

光皮梾木＋日本杜英林分布在神木天坑内中部，以光皮梾木、粗柄械、多脉鹅耳枥等落叶树种较多，常绿树种日本杜英、通脱木次之。第二亚层以第一亚层的幼树为主，另有球序鹅掌柴等。林下灌木和草本种类较多，分布有少量兰科植物。地被有苔藓、乐业唇柱苣苔、长叶铁角蕨等。

多脉鹅耳枥＋小叶枇杷林主要分布在大石围天坑西峰及外侧山沟、老屋基天坑山脊。大石围天坑西峰植被第一亚层树种以多脉鹅耳枥为主，混生一些小叶枇杷，伴生黄杞、乌冈栎等；第二亚层树种以小叶枇杷为主，异叶花

多脉鹅耳枥＋小叶枇杷林

椒也很多，伴生云贵鹅耳枥、鼠刺等。灌木层以化香树和小叶枇杷的幼树为主，有棘刺卫矛、针齿铁仔等灌木；草本层主要是薹草属、石韦属植物，数量少。

（三）灌丛和灌草丛

小果蔷薇＋火棘灌丛分布在罗妹莲花洞景区及穿洞天坑，以小果蔷薇和火棘为主，还有广西绣线菊、粉叶枸子。群落中的幼树有香叶树、化香树、朴树、榔榆等。草本层不茂盛，有蕨菜、蜈蚣凤尾

小果蔷薇＋火棘灌丛

蕨等。藤本植物有粗叶悬钩子、老虎刺等。

广西绣线菊灌丛分布在穿洞天坑、老屋基天坑一带，在穿洞天坑景区熊家洞附近山坡最茂密，群落植物以广西绣线菊为主，伴有火棘、来江藤等。草本层稀疏，狗脊居多；藤本植物有蔷薇悬钩子、白木通等。

细棕竹灌丛分布在大石围天坑底部的东侧斜坡，群落植物以细棕竹为主，偶见掌叶木、假柿木姜子等幼苗，下层有狭基巢蕨、翅枝马蓝、球花马蓝、短肠蕨等草木。在大石围天坑群其他森林茂盛的地方，也零星分布细棕竹，但没形成群落。

细棕竹灌丛

红背山麻秆＋龙须藤灌丛广泛分布于石灰岩区，长势茂盛，是大石围天坑群常见的石山灌丛。群落植物以红背山麻秆、龙须藤为主，伴有榔榆、小果朴、多叶勾儿茶等，草本层有剑叶凤尾蕨、荩草、刚莠竹等。

毛轴蕨灌草丛是大石围天坑群石灰岩区分布面积最广的植被，非常茂密，以毛轴蕨为主，混生喜阳树种和灌刺类植物，如茅莓、高粱泡、火棘、悬钩子蔷薇、竹叶花椒等。此外，盐肤木、蓝黑果荚蒾等也较常

穿洞天坑周边的毛轴蕨灌草丛

见。常见乔木幼树有化香树、小果朴等。常见的混生草本植物有金丝草、凤尾蕨、五节芒等。

芒萁灌草丛主要分布在酸性土区域，一般只有1层，群落植物以芒萁为主，混生狭叶珍珠花、羊耳菊、杜氏翅茎草等，也混生乔木幼树，如云贵鹅耳枥等。

大石围天坑群动物多样性

据文献记载及科研人员实地调查，大石围天坑群所在的乐业—凤山世界地质公园乐业园区内动物数量庞大、品种较多，体现出该区域动物的多样性。

乐业—凤山世界地质公园乐业园区就是一个巨大的动物园，有野生脊椎动物 403 种，分属 5 纲 30 目 98 科 241 属，其中哺乳纲 51 种，鸟纲 238 种，爬行纲 54 种，两栖纲 19 种，鱼纲 41 种。

（一）兽类

区域内兽类以啮齿目和食肉目为主，食肉目分布有 21 种，占乐业园区兽类总数的 41.18%；啮齿目 17 种，占比 33.33%。

列为国家一级保护野生动物的有云豹、豹、林麝。列为国家二级保护野生动物的有猕猴、斑林狸、大灵猫、小灵猫、黑熊、水獭、黄喉貂。列入世界自然保护联盟《濒危物种红色名录》的有哺乳纲物种 9 种，其中林麝列为濒危等级；豹、大灵猫、水獭、中华鬣羚和猪獾列为近危等级；云豹、大斑灵猫、黑熊列为易危等级。

列入《濒危野生动植物种国际贸易公约》的兽类共 28 种，其中附录 I 物种 6 种，分别是云豹、豹、斑林狸、黑熊、水獭、中华鬣羚；附录 II 物种 3 种，分别是猕猴、豹猫、林麝；附录 III 物种 7 种，分别是花面狸、大灵猫、小灵猫、食蟹獴、黄喉貂、黄腹鼬、黄鼬。

列为广西重点保护野生动物的有 18 种，为红白鼯鼠、红背鼯鼠、赤腹松鼠、豪猪、华南兔、豹猫等。

（二）鸟类

区域内有鸟类 238 种，列入世界自然保护联盟《濒危物种红色名录》的有 7 种，其中鹌鹑、黑颈长尾雉、寿带列为近危等级，金雕、仙八色鸫、鹊鹂、白喉林鹟列为易危等级。

列入《濒危野生动植物种国际贸易公约》附录 I 的有金雕和黑颈长尾雉，附录 II 的有黑冠鹃隼、黑翅鸢、黑鸢、秃鹫、蛇雕、凤头鹰、日本松雀鹰、松雀鹰、雀鹰、赤腹鹰、白腹隼雕、红隼、燕隼、草鸮、黄嘴角鸮、领角鸮、雕鸮、领鸺鹠、斑头鸺鹠、褐鱼鸮、仙八色鸫、画眉、银耳相思鸟、红嘴相思鸟。

列为广西重点保护野生动物的有 55 种，为鹭、环颈雉、灰胸秧鸡、大杜鹃、白胸翡翠、大拟啄木鸟、粉红山椒鸟、黄腰柳莺、画眉、红嘴相思鸟等。

（三）爬行动物

区域内可确定的爬行动物中游蛇科占优，有 26 种。此外，还有石龙子科 5 种、眼镜蛇科 4 种、壁虎科 4 种、蝰科 3 种、鬣蜥科 3 种等。

列为国家二级保护野生动物的有 2 种，为蚺、山瑞鳖。

列入世界自然保护联盟《濒危物种红色名录》的有 11 种，其中山瑞鳖、平胸龟列为濒危等级，蚺列为近危等级，中华鳖、眼镜王蛇列为易危等级。列入《濒危野生动植物种国际贸易公约》附录 II 的有平胸龟、蚺、滑鼠蛇、舟山眼镜蛇、眼镜王蛇，附录 III 的有山瑞鳖、乌龟。

列为广西重点保护野生动物的有 11 种，为平胸龟、变色树蜥、百花锦蛇、金环蛇、银环蛇、眼镜王蛇等。

（四）两栖动物及鱼类

区域内可确定的两栖动物有 19 种，蛙科占优，有 9 种。列为国家二级保护野生动物的有大鲵、虎纹蛙。列入世界自然保护联盟《濒危物种红色名录》的有 4 种，其中大鲵列为极危等级，棘腹蛙、棘胸蛙列为易危等级，双团棘胸蛙列为濒危等级。列入《濒危野生动植物种国际贸易公约》附录 II 的有大鲵和虎纹蛙。列为广西重点保护野生动物的有 7 种，分别是黑眶蟾蜍、沼水蛙、泽陆蛙、棘腹蛙、棘胸蛙、斑腿泛树蛙、饰纹姬蛙。

　　区域内有鱼类41种，其中鸭嘴金线鲃列为国家二级保护野生动物。列入世界自然保护联盟《濒危物种红色名录》的有4种，分别是南方拟餐、鸭嘴金线鲃、小眼金线鲃和秉氏爬岩鳅。列入《濒危野生动植物种国际贸易公约》附录Ⅱ的有鸭嘴金线鲃。

鸭嘴金线鲃（李晋　摄）

（五）特色动物

大石围天坑群生存着 2 种特色动物：红白鼯鼠和中国壁虎。

红白鼯鼠分布在缅甸、印度、泰国，以及中国的四川、重庆、广西、陕西、云南，在大石围天坑、黄狼洞天坑等有生存。它是大型鼯鼠，体长 50～60 厘米，尾超过 40 厘米，后足长约 8 厘米。头白色，眼眶赤栗色，颏、喉上部、颈两侧及胸均白色，上臂皮翼前缘近肩部亦白色，体背面（包括项、耳外侧基部和肩）及其余部分栗色至浅栗色，背后部至尾基部

红白鼯鼠

有一大片浅黄色或花白色毛区；前后足均赤色，足趾黑色。一般栖息在小杨、核桃、桦树等高大乔木的密林中。

中国壁虎又叫中国守宫，分布于福建、广东、海南、广西等地，在大石围天坑、穿洞天坑均有生存。体长可达18厘米，背腹扁平，身上排列着粒鳞或杂有疣鳞。指、趾端扩展，下方形成皮肤褶襞，密布腺毛，有黏附能力，可在墙壁、天花板或光滑的平面上快速爬行。

后 记

　　乐业天坑形态丰富，天坑的地貌及生物多样性构成独特的险、峻、雄、奇，让人惊叹不已。乐业天坑的多样性与典型性是独一无二的，在地学、生物学、美学、旅游开发等方面都极具价值。

　　从地学价值看，大石围天坑群的天坑数量较多，保存完整，规模巨大。大石围天坑群在100平方千米范围内发育有29个天坑，大部分聚集在百朗地下河中游的主流上，其中24个保存完整，包括特大型天坑2个，大型天坑7个。乐业天坑演化证据保存完整，演化阶段清晰，反映了当地新构造运动的特点，对确定中国岩溶地貌在世界的地位及对岩溶地貌对比研究具有极其重要的意义。乐业天坑的发育演化记录了当地地壳上升运动的情况，为岩溶作用的定量研究提供重要途径。百朗地下河流域内天坑群的存在与分布规律，为研究地下溶洞水流、地下河道系统的变迁及水流位置的迁移提供了依据。

　　从生物学价值看，大石围天坑群的植物区系属滇黔桂植物区，天坑为植物的生长发育提供特殊的生境条件，增加了生物的丰富性、复杂性和独特性。其生物多样性特别表现在天坑生物和天坑周围的野生兰花群落的多样性。乐业天坑群植物群落年龄在200年以上，种系复杂、数量庞大、生态类型分异明显、特有性高，充分显示植物区系资源的丰富性、多样性。野生兰花群落位于乐业县西北的广西雅长兰科植物国家级自然保护区，野生兰花种类居全国前列。大石围天坑群区域鸟类繁多，还有鼯鼠等野生动物，在地下河和洞穴中也发现了多种珍奇动物，大石围天坑群就像一个奇异的"结界兽",为众多濒危和特有动植物"结界护法",为它们提供重要而舒适的生存之地。

大石围天坑群所突显的美学价值在于独特壮观的高峰丛深洼地、独一无二的天坑群和天坑中的洞穴、地下河、植被等。在这里,岩溶区地表形成了成熟的湿润热带亚热带峰丛地貌,百朗地下河系统完整,拥有众多无可比拟的岩溶地貌景观。例如,高峰丛深洼地地貌中,群峰层峦叠嶂,"横看成岭侧成峰,远近高低各不同"。大石围天坑群沿地下河踪迹呈串珠状集中分布,天坑类型各异、形态大小不同,为全球天坑分布最集中的天坑群,堪称最完美的"天坑博物馆"。

大石围天坑群作为大型岩溶景观,兼具稀有、典型和不可再生的自然遗产属性,有很高的旅游开发价值。天坑群的陡崖绝壁,是大自然极为罕见的鬼斧神工。天坑雄伟,规模宏大,四面绝壁陡崖,与溶洞大厅等厚重、雄浑的景观相呼应。天坑旷阔,可登高远眺,看所在峰丛区的千弄万峰起伏连绵数百平方千米。天坑险峻,四周的绝壁无论是俯瞰,或是仰望,都使人惊心动魄。天坑秀丽,石壁上短叶黄杉等乔木树冠婆娑、婀娜多姿,野生兰花等秀丽的花草充满了生机与灵气。天坑幽深,在黑暗深邃的洞穴和天坑底部人迹罕至的准原始森林中,静谧得能听见心跳和呼吸声。天坑野逸,许多天坑由于周壁过于陡峭,鲜少有人涉足,大自然的真实面貌得以较好保存,显现出原始环境的浑厚质朴,野趣横生。

乐业天坑独具魅力,到这里进行自然观光、生态旅游、科学研究、启智科普、康养健身、攀岩探险等,都是绝佳的选择。在研究和开发过程中,我们要始终秉持"绿水青山就是金山银山"的理念,力求在地质遗迹保护与旅游发展之间寻求平衡,使这片神奇的土地永葆青春,让更多后来者能够领略乐业天坑这一大自然瑰宝的独特魅力。